Errata

Seite 5, vor Z. 9 v.u.	*hier fehlt die Zeile* Wenn die einfallenden Teilchen zufällig über die Querschnittsfläche A des ...
Seite 35, Z. 15 v.u.	*lies* (s. S. 30) *statt* (s. S. 31)
Seite 38, Z. 5	*lies* Fußnote 5 *statt* Fußnote 7
Seite 39, Z. 2 v.u.	*lies* Beziehung (1.14) *statt* Beziehung (1.11)
Seite 72, Bild 3.3 b)	*Die Beschriftung der vertikalen Achse muß lauten*: Anzahl stabiler Isotone
Seite 105, nach Z. 19	**Aufgabe 4.3** *Zeigen Sie, daß τ gleich der mittleren Lebensdauer $\bar{t}$ eines Radionuklids ist.*
Seite 127, nach Z. 5	**Aufgabe 5.1** *Ein stabiles Nuklid wird nach der Absorption eines Neutrons zu einem β^--Strahler. Nach erfolgtem β-Zerfall spaltet der Tochterkern spontan in zwei α-Teilchen. Um welches Nuklid handelt es sich?*
Seite 129 oben	*Die ersten 4 Zeilen (einschließlich Gleichung) stehen bereits auf S. 128 unten*
Seite 153, Z. 6	*lies* nach (1.14) *statt* nach (1.11)
Seite 159, vor Z. 6 v.u.	HILSCHER, H.: Physik und Didaktik 3(1985), 201-220

D1617742

Helmut Hilscher

Kernphysik

vieweg studium
Grundkurs Physik

Herausgegeben von Hanns Ruder

Helmut Hilscher

Kernphysik

Mit 74, teilweise farbigen Abbildungen

Die Deutsche Bibliothek – CIP-Einheitsaufnahme

Hilscher, Helmut:
Kernphysik: mit 10 Übungsaufgaben / Helmut Hilscher. –
Braunschweig; Wiesbaden: Vieweg, 1996
   (Vieweg Studium; Bd. 78: Grundkurs Physik)
   ISBN 3-528-07278-4

NE: GT

Der Verlag Vieweg ist ein Unternehmen der Bertelsmann Fachinformation GmbH.

Umschlag: Klaus Birk, Wiesbaden
Druck und Buchbinder: Langelüddecke, Braunschweig
Gedruckt auf säurefreiem Papier
Printed in Germany

ISBN 3-528-07278-4   (Paperback)

Einleitung

Gegenstand des vorliegenden Bandes, der – seinem Titel entsprechend – in die „Grundlagen der Physik des Atomkerns" einführen soll, sind die Eigenschaften von Atomkernen und die Methoden, mit denen die Kernphysik diese untersucht.

Ausgehend von der Entdeckung des Atomkerns werden – eingebettet in eine Beschreibung wichtiger experimenteller Methoden der Kernphysik – zunehmend differenziertere Vorstellungen über Atomkerne entwickelt. Zunächst kann man diese als massive, unstrukturierte Gebilde ansehen, in denen der Hauptteil der atomaren Masse konzentriert ist und deren positive elektrische Ladung die Elektronen der Atomhülle anzieht. Untersuchenswerte Eigenschaften sind unter diesem Blickwinkel z.B. die Größe der Masse und der Ladung, deren Dichteverteilung sowie die Ausdehnung der Atomkerne. Ähnlich wie zuvor die Atome erweisen sich Atomkerne jedoch als zusammengesetzte Gebilde. Ihre Bausteine sind die Nukleonen Proton und Neutron. Mit diesen Teilchen lassen sich die verschiedenen Atomkernarten sehr einfach durch deren Anzahl charakterisieren.

Für den Zusammenhalt der Nukleonen auf engstem Raum muß eine neue Kraft als verantwortlich angesehen werden, die – im Vergleich zur Atomhülle – zu sehr großen Bindungsenergien der Atomkerne führt. Die Bindungsenergie hängt in charakteristischer Weise von den Nukleonenzahlen ab. In erster Näherung kann diese Abhängigkeit noch weitgehend mit klassischen Ansätzen verstanden und recht einfach auch quantitativ beschrieben werden. Bei genauerer Betrachtung stellt sich heraus, daß einzelne Nukleonenkonfigurationen besonders fest gebunden sind. Ein Verständnis dieser differenzierteren Befunde ergibt sich auf der Basis ähnlicher quantenmechanischer Überlegungen wie im Fall der Atomhülle, die hier zum Schalenmodell des Atomkerns führen.

Mit den bisher umrissenen Gesichtspunkten befassen sich die ersten drei Kapitel dieses Bandes. Die darin behandelten, weitgehend qualitativ gehaltenen Vorstellungen vom Aufbau der Atomkerne und dem Zusammenwirken der Nukleonen in ihnen sind nur ein Teil der heute in der Kernphysik gebräuchlichen Kernmodelle. Sie reichen aber aus, um vielfältige Phänomene wie z.B. die verschiedenen Arten des radioaktiven Zerfalls von Atomkernen oder die Möglichkeiten der (gezielten) Kernumwandlungen durch Beschuß mit geeigneten Teilchen in ihren Grundzügen zu verstehen. Diesen Umwandlungen und damit verbundenen Stabilitätsfragen ist im wesentlichen der zweite Teil des Bandes (ab Kap. 4) gewidmet. Den Abschluß bildet dann ein knapper Überblick über Kernstrahlungsdetektoren.

Auch wenn die Kernphysik ein vergleichsweise junger Zweig der Physik ist, sind viele der hier vermittelten Kenntnisse bereits als „älteren Ursprungs" einzustufen. Das bedeutet aber nicht, daß sie inzwischen „überholt" sind. Beispielsweise werden auch heute noch Fragestellungen experimentell untersucht, die im Zusammenhang mit dem hier skizzierten Schalenmodell des Atomkerns stehen. Andererseits hat es in den letzten Jahren recht stürmische Entwicklungen in benachbarten Gebieten der Physik – speziell in der Elementarteilchenphysik – gegeben, die auch Objekte der Kernphysik betreffen. Zu diesen Weiterentwicklungen gehört z.B. das Quark-Modell der Nukleonen, das diese als zusammengesetzte Teilchen ansieht und nicht mehr als elementare Partikel, wie sie in den meisten Betrachtungen dieses Bandes angenommen werden. Dazu gehören ferner erst kürzlich gelungene experimentelle Nachweise verschiedener Elementarteilchen (W-Bosonen, Z-Boson), die über den β-Zerfall ihren Bezug zur Kernphysik haben. Eng damit verbunden ist auch der Ansatz, verschiedene Kräfte in formal einheitlicher Weise durch den Austausch von (virtuellen) Elementarteilchen zu beschreiben. Diese modernen Fragestellungen können im Rahmen der „Grundlagen der Physik des Atomkerns" nicht eingehend behandelt werden. Einige knapp gehaltene (und entsprechend gekennzeichnete) Ausblicke und Anmerkungen sollen aber ihre Einordnung und den Anschluß an aktuelle Fragen physikalischer Forschung und neuere Betrachtungsweisen ermöglichen.

Dieser Band richtet sich an Physikstudenten im Grundstudium, des weiteren an alle Studierende, für deren Ausbildung Veranstaltungen in Physik verpflichtend sind, und an alle Physiklehrer/innen, speziell der Sekundarstufe I. Er setzt allgemeine Kenntnisse der klassischen Physik und einige Grundkenntnisse der Atomphysik voraus. Teilweise weden die für das Verständnis notwendigen Voraussetzungen unter den hier interessierenden Gesichtspunkten gezielt und knapp zusammengestellt, in anderen Fällen wird darauf hingewiesen. Sind Anleihen aus der Speziellen Relativitätstheorie unvermeidbar, werden die entsprechenden Formeln ohne Herleitung angeführt und verwendet. Auf eine mathematisch-quantitative Behandlung wird zugunsten qualitativer Betrachtungen weitgehend verzichtet.

Jedem Kapitel des Bandes ist eine Einleitung vorangestellt, die auf allgemeinerer Ebene über seinen Inhalt orientiert und (meistens) Bezüge zu anderen Kapiteln herstellt. Die als „Ausblick" gekennzeichneten Kapitel sind für das Verständnis der folgenden nicht erforderlich und können beim ersten Durchlesen übergangen werden. Sie dienen der Vertiefung, ebenso wie einige als Fußnoten angefügte Bemerkungen und Literaturhinweise.

Als Arbeitsmittel wird an einigen Stellen eine Nuklidkarte benötigt, die an vielen Schulen vorhanden ist. Ergänzende Erläuterungen zur Karlsruher Nuklidkarte (6. Auflage 1995) finden Sie auf den letzten Seiten im Anhang.

Das vorliegende Buch stellt die Neubearbeitung eines Studienbriefes dar, der im Rahmen des Fernstudienprojektes „Atom- und Kernphysik" des Deutschen Instituts für Fernstudienforschung (DIFF) an der Universität Tübingen entstand. Ich bin den damaligen Projektleitern, Herrn Dr. U. Harms und Frau H. Krahn, sowie dem wissenschaftlichen Beirat des Projektes für ihre wohlwollende Unterstützung und gute Zusammenarbeit bei der Konzipierung und Erstellung des Studienbrief-Manuskriptes zu Dank verpflichtet. Ein besonderes Lob und Anerkennung gebührt dabei Frau Krahn, die kritisch in mühsamer Kleinarbeit die Mängel meines Manuskriptes beseitigt und wertvolle Ergänzungen beigesteuert hat.

Frau Künzler und Frau Zenker haben mir bei der Erledigung lästiger Hilfsarbeiten geholfen, wofür ich Ihnen danke. Schließlich bedanke ich mich bei dem verantwortlichen Lektor des Vieweg-Verlages, Herrn W. Schwarz, für die Anregung zu diesem Band und die vertrauensvolle Kooperation.

Inhaltsverzeichnis

1 Statische Eigenschaften der Atomkerne (1): Globale Größen und ihre Ermittlung

Wir beginnen unser Studium über die Grundlagen der Kernphysik mit der Beschreibung derjenigen Eigenschaften der Atomkerne, die diese als elektrisch geladene Massenkörper bestimmter Form und Größe erscheinen lassen. Dabei soll besonders interessieren, wie die Kernphysiker diese Eigenschaften herausgefunden haben. Dazu werden einige historische Experimente *mit ihren Ergebnissen ausführlich beschrieben. Der Schwerpunkt dieses Kapitels liegt aber weniger auf der historischen Darstellung, sondern mehr bei der Vorstellung auch heute noch wichtiger* experimenteller Methoden *der Kern- und Elementarteilchenphysik, den* Streuexperimenten. *Der Aufbau der Atomkerne wird erst im anschließenden Kapitel 2 systematisch behandelt. Ein Vorgriff darauf erfolgt in einfacher Weise aber bereits bei der Besprechung der Methoden, die zur Ermittlung der Kerngröße verwendet werden.*

1.1 Die Ladung

Das Periodische System der Elemente, das 1869 von dem russischen Chemiker D. MENDELEJEW und dem deutschen Chemiker L. MEYER gleichzeitig und voneinander unabhängig aufgestellt wurde, ordnet die chemischen Elemente in einem zweidimensionalen Schema in Spalten und Zeiten an. Ursprüngliche Ordnungsgesichtspunkte waren die chemischen Eigenschaften der Elemente und die damals bekannten Atommassen (oft als Atomgewicht bezeichnet): Die Elemente einer Spalte dieses Schemas weisen ähnliche chemische Eigenschaften auf, und in jeder Zeile steigt die Atommasse – heute durch die dimensionslose relative Masse, Massenzahl genannt, angegeben – von links nach rechts an. Es zeigte sich in der Folge, daß sich die leichteren Elemente dieses Schemas fortlaufend durchnumerieren ließen, wobei mit steigender Platznummer, *Ordnungszahl* genannt, auch die Atommasse zunahm. Bei den schwereren Elementen gab es zunächst bei der Zuordnung einer Platznummer für eine Anzahl von Elementen Schwierigkeiten, die auf der Isotopenzusammensetzung dieser Elemente (s. Kap. 2.1) beruhten, eine Tatsache, die erst wesentlich später nach der Erfindung der Massenspektroskopie (s. Kap. 1.3.1) erklärt werden konnte.

Es mußten an vier Stellen Umordnungen vorgenommen werden, so daß von der Anordnung nach steigenden Atommassen abgewichen wurde, damit die betreffenden Elemente ihren Platz in der Spalte fanden, die ihnen auf Grund ihrer chemischen Eigenschaften zukam (Beispiel: Jod und Tellur).

Heute wissen wir, daß nicht die steigenden Massenzahlen, sondern die Ordnungszahlen das eigentliche Ordnungsprinzip des Periodensystems verkörpern. Die Ordnungszahl stellt mehr als eine Platznummer in diesem Schema dar: Sie entspricht der Anzahl der positiven Elementarladungen im Atomkern und der Zahl der negativ geladenen Elektronen der Atomhülle. Wie man zu dieser Erkenntnis kam, wollen wir im folgenden näher behandeln.

1.1.1 Streuung von Röntgenstrahlung an Atomelektronen

Zu Beginn unseres Jahrhunderts war bekannt, daß alle Atome negativ geladene Elektronen enthalten. J.J. THOMSON hatte ein Atommodell aufgestellt, wonach Atome kleinen Kugeln ähnlich seien, die aus homogen verteilter, elektrisch positiver Materie bestehen, in die die Elektronen wie die Rosinen in einem Kuchen eingebettet sein sollten. THOMSON war auch als erster in der Lage, die Streuung bzw. Schwächung der gerade entdeckten RÖNTGENstrahlung beim Durchgang durch Materialproben mit einer von ihm entwickelten Streuformel richtig zu beschreiben.

THOMSON interpretierte die RÖNTGENstrahlung als elektromagnetische Wellen, welche die quasifreien (d.h. unter Vernachlässigung der Bindungsenergie als frei angesehenen) Elektronen in den Atomen zu Schwingungen anregen. Jedes von der Welle getroffene Elektron beginnt, durch die Kraftwirkung des elektrischen Wechselfeldes zu schwingen. Die oszillierenden Ladungen stellen kleine, schwingende elektrische Dipole dar, die senkrecht zur Schwingungsrichtung elektromagnetische Wellen abstrahlen. Die ausgesandte Dipolstrahlung ist gestreute RÖNTGENstrahlung. Demnach muß die Intensität der Streustrahlung proportional zur Elektronendichte des durchstrahlten Materials sein. Diese aber ist festgelegt durch die Zahl der Elektronen je Atom, wenn die Atomdichte (Zahl der Atome je Volumeneinheit) bekannt ist. Aus der sorgfältigen Messung der Intensitätsabnahme von RÖNTGENstrahlung durch Streuung beim Durchgang durch Materieschichten sollte man mit Hilfe der THOMSONschen Theorie die Zahl der Elektronen und damit auch die negative und positive Ladung der Atome bestimmen können.

BARKLA führte als erster quantitative Streuexperimente an verschiedenen leichten Stoffen, insbesondere Kohlenstoff, durch. 1911 gab er bekannt, daß das Kohlenstoffatom 6 Elektronen enthalte (C.G. BARKLA 1911). Für andere leichte Elemente schloß er richtig, daß „die Zahl der streuenden Elektronen je Atom etwa halb so groß ist wie das Atomgewicht des Elements" (gemeint

ist natürlich die relative Atommasse bzw. Massenzahl). Es muß angemerkt
werden, daß BARKLA mit der Anwendung der THOMSONschen Theorie großes
Glück hatte. Die aus diesen klassischen Vorstellungen hergeleitete Streuformel
gilt nur, wenn

$$E_e \ll h\nu \ll m_0 c^2$$

ist (E_e = Bindungsenergie des Elektrons, $h\nu$ = Energie der RÖNTGENquanten,
$m_0 c^2$ = 511 keV = Ruhenergie des Elektrons). Nach modernen Vorstellungen sind für die Schwächung von RÖNTGENstrahlung beim Durchgang durch
Materie der Photo- und der COMPTON-Effekt verantwortlich. Bei harter – d.h.
energiereicher – RÖNTGENstrahlung und leichten Elementen, für die $E_e \ll h\nu$
ist, dominiert die COMPTON-Streuung. Ist ferner die Energie der Strahlung hinreichend klein (2. Bedingung oben) im Vergleich zur Ruhenergie des Elektrons,
unterscheidet sich die COMPTON-Streuung in ihrer Auswirkung kaum noch von
der klassischen THOMSON-STREUUNG. BARKLA experimentierte zufällig unter
Bedingungen ($h\nu \approx 40$ keV, leichte Elemente), bei denen das klassische Modell der RÖNTGENstreuung von THOMSON eine gute Näherung darstellt. Bei
schweren Elementen oder hohen RÖNTGENstrahlungsenergien wäre er, gestützt
auf diese Theorie, in die Irre geführt worden.

Wenn auch die zugrunde gelegte Theorie modifiziert werden mußte, so hat
sich doch die von BARKLA entwickelte Methode zur Atomladungsbestimmung
bewährt. Die damit erzielten Ergebnisse stimmen mit den Daten aus anderen
Methoden überein. Die moderne Quantenelektrodynamik beschreibt mit hoher
Präzision die Streuung von hochenergetischen Photonen an Elektronen. Die
Entwicklung hochauflösender Nachweis- und Meßgeräte für Elektronen und
Photonen ließ die Photonenstreuung an Atomelektronen zu einer wichtigen
Methode zur Bestimmung der Zahl der Elektronen je Atom und damit auch zur
Bestimmung der positiven Atomladung werden, die – wie wir im übernächsten
Abschnitt sehen werden – im Zentrum des Atoms auf kleinstem Raum konzen-
triert ist.

1.1.2 Streuexperimente und Wirkungsquerschnitte

Atome haben einen Durchmesser in der Größenordnung von 10^{-10} m. Um
Aufschlüsse über Einzelheiten des Atombaus zu erhalten, ist man auf indirekte
Methoden angewiesen. Eine der erfolgreichsten Methoden, die Verteilung der
Masse und der Ladung im Atom zu untersuchen, beruht auf der Untersuchung
der Streuung von günstig ausgewählten Geschoßteilchen.

Es war ein historischer Zufall, daß sich Ernest RUTHERFORD und seine Mitarbeiter Ernest MARSDEN und Hans GEIGER mit Problemen der gerade entdeckten Radioaktivität zu einer Zeit beschäftigten, in der das schon erwähnte

THOMSON-Atommodell hoch im Kurs stand. In RUTHERFORDS Laboratorium in
Manchester wurde 1909 mit der α-Strahlung radioaktiver Substanzen experi-
mentiert. α-Strahlung besteht aus schnell bewegten Atomkernen des Elements
Helium, die von gewissen radioaktiven Atomen ausgesandt werden (α-Zerfall,
s. Kap. 4). Bei Beschuß von dünnen Folien aus Glimmer und Gold wurden die
α-Teilchen gelegentlich unter *großen* Winkeln abgelenkt, was man mit dem
THOMSON-Modell überhaupt nicht erklären konnte.

Bevor RUTHERFORDS Deutung der beobachteten Streuung der α-Teilchen in
Kap. 1.1.3 detaillierter dargestellt wird, soll wegen der grundsätzlichen Bedeutung derartiger Streuexperimente für die Kern- und Elementarteilchenphysik
zunächst an einfachen Beispielen aus der Mechanik deutlich gemacht werden,
wie aus Streuexperimenten Erkenntnisse über die streuenden (oder gestreuten)
Teilchen gewonnen werden können.

Ein einfaches Analogiemodell soll die grundsätzliche Argumentation zum
RUTHERFORDschen Streuversuch verdeutlichen: Stellen Sie sich einen Kasten
vor, von dessen Inhalt die Masse bekannt sei. Sie sollen feststellen, wie sich die
Masse über das Kasteninnere verteilt, ohne in ihn hineinschauen zu dürfen, um
die innere Beschaffenheit zu untersuchen. Der Kasten könnte z.B. gleichmäßig
mit einem Stoff verhältnismäßig kleiner Dichte, etwa Holz, gefüllt sein, oder
es könnten sich nur an einigen Stellen kleine Körper großer Dichte, z.B. Eisen-
oder Bleikugeln, befinden. Wie können Sie in diesen Fällen herausfinden, welche dieser beiden Möglichkeiten der tatsächlichen Masseverteilung im Ka-
steninnern am nächsten kommt? Eine Möglichkeit ist, kleine Kugeln (unter
Umständen verschieden schwere) mit hinreichender Geschwindigkeit in den
Kasten zu schießen und zu beobachten, wo und wie sie wieder aus ihm heraus-
kommen. Treten alle Kugeln in Schußrichtung, jedoch mit verminderter Geschwindigkeit aus dem Kasten aus, dann können wir schließen, daß der Kasten
gleichmäßig mit Materie geringer Dichte ausgefüllt ist. Finden wir dagegen,
daß einige Kugeln stark aus ihrer ursprünglichen Flugrichtung abgelenkt werden, dann können wir annehmen, daß sie mit kleinen, starren massiven Körpern
zusammengestoßen sein müssen, die über das Innere des Kastens verteilt sind.
Wenn alle Geschoßteilchen mit gleicher Richtung, aber sonst zufällig verteilt,
auf die Vorderseite des Kastens treffen, dann liefert eine Untersuchung der *Winkelverteilung der gestreuten Kugeln* genauere Kenntnis über die Anordnung
(relativ zur Einschußrichtung) und die Eigenschaft des Materials im Innern
des Kastens. Das ist die Grundlage aller Streuversuche in der Atom-, Kern-
und Teilchenphysik. Auf ihr beruhen die noch zu besprechenden Erkenntnisse,
daß Atome eine Struktur (Kern und Elektronenhülle) besitzen, Atomkerne aus
kleineren Bausteinen (den Protonen und Neutronen) aufgebaut sind und auch
diese Kernbausteine nicht elementar sind.

Für genauere und detailliertere Aussagen als im obigen Beispiel ist eine

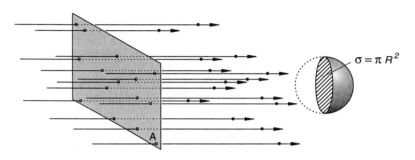

Bild 1.1 Wirkungsquerschnitt einer Kugel beim elastischen Stoß

quantitative Beschreibung der Streuexperimente erforderlich. Eine zentrale Rolle spielen dabei die Begriffe „Wirkungsquerschnitt" und „differentieller Wirkungsquerschnitt", die hier an einfachen Beispielen erläutert werden.

Zunächst wird in Gedanken wieder ein „mechanisches Streuexperiment" betrachtet, bei dem die Streuung durch elastischen Stoß verursacht wird. In einen Strom sich parallel bewegender kleiner Kugeln (Radius r) werde eine große (ruhende) Kugel mit Radius R als Hindernis gebracht. Alle Teilchen, deren Bahnen ohne dieses Hindernis durch die Kreisfläche der Größe $\pi(r+R)^2$ um den Mittelpunkt der großen Kugel verlaufen würden, werden durch Stoß aus ihrer ursprünglichen Bahn abgelenkt. Es soll nun angenommen werden, daß der Radius r der kleinen Kugeln gegen den der „Ziel-Kugel" vernachlässigt werden kann. Als „streuwirksam" kann man dann die Querschnittsfläche πR^2 der großen Kugel ansehen (Bild 1.1). Man bezeichnet diese für die Streuung wirksame Fläche als Wirkungsquerschnitt σ des Streuzentrums. Er läßt sich aus dem Streuexperiment ermitteln.

Teilchenstrahls verteilt sind, so daß für alle Punkte einer solchen senkrecht zum Strahl liegenden Fläche die „Trefferwahrscheinlichkeit" den gleichen Wert hat, dann ist für ein Strahlteilchen die Wahrscheinlichkeit für die Streuung an diesem Streuzentrum gleich dem Verhältnis dieser Flächengrößen:

$$(1.1) \qquad W_{\text{Streu}} = \frac{\sigma}{A}.$$

Bei hinreichend großer Zahl N_0 einfallender Teilchen sollte die Streuwahrscheinlichkeit mit der experimentell ermittelten relativen Häufigkeit N'/N_0 der gestreuten Teilchen übereinstimmen, so daß

$$(1.2) \qquad \frac{\sigma}{A} = \frac{N'}{N_0}.$$

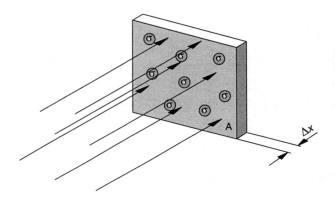

Bild 1.2 Durchstrahlter Target-Ausschnitt mit mehreren Streuzentren. A: Querschnittsfläche des Teilchenstrahls, Δx: Dicke des Targets, σ: Wirkungsquerschnitt

Der Wirkungsquerschnitt σ kann also aus dem Verhältnis der Anzahl N' der gestreuten Teilchen zur Anzahl N_0 der einfallenden Teilchen bestimmt werden.

Bei typischen Streuexperimenten liegen in der Regel viele (hier als gleichartig angenommene) Streuzentren in der untersuchten Probe – dem *Target* (engl.: Zielscheibe) – vor. Wenn sich deren Wirkungsquerschnitte nicht „überlappen" und jedes einfallende Teilchen höchstens einmal gestreut wird, dann ist die Wahrscheinlichkeit für die Streuung eines einfallenden Teilchens gleich dem Produkt aus der Wahrscheinlichkeit für die Streuung an einem einzelnen Zentrum und der Anzahl N_T der Streuzentren im durchstrahlten Volumen.

Mit der Teilchendichte n_T, der Streuzentren im Target und mit Gl. (1.1) ergibt sich somit für den Zusammenhang zwischen dem Wirkungsquerschnitt σ eines Streuzentrums und der im Experiment am Target der Dicke Δx ermittelten Streuwahrscheinlichkeit

$$(1.3) \qquad \frac{N'}{N_0} = N_T \frac{\sigma}{A} = n_T A \Delta x \frac{\sigma}{A},$$

also für den Wirkungsquerschnitt

$$(1.4) \qquad \sigma = \frac{1}{n_T \Delta x} \frac{N'}{N_0}$$

Im hier betrachteten Einführungsbeispiel ist der Wirkungsquerschnitt σ gleich der Größe der zur Strahlrichtung senkrechten Querschnittsfläche eines streuenden Teilchens (bei nicht punktförmigen Strahlteilchen: die um einen entsprechenden Kreisring vergrößerte Fläche). Der Begriff des Wirkungsquerschnitts kann nun verallgemeinert und auf andere Wechselwirkungsprozesse zwischen Targetteilchen und Strahlteilchen übertragen werden. Dabei erhält er eine andere Bedeutung als die der geometrischen Abmessung der am Prozeß beteiligten Teilchen. Bei den Wechselwirkungsprozessen kann es sich z.B. um elastische Streuung zwischen elektrisch geladenen Teilchen oder auch um Absorption der Strahlteilchen durch Targetteilchen oder eine bestimmte andere (Kern-)Reaktion zwischen diesen handeln.

Nach Gl. (1.4) kann jedem dieser Prozesse zwischen Strahl- und Targetteilchen ein Wirkungsquerschnitt σ zugeordnet werden, wenn der Anteil N'/N_0 der im Target dem jeweiligen Prozeß unterliegenden Strahlteilchen bekannt ist. Dieser wird dann auch meist nach dem entsprechenden Prozeß benannt und als Streuquerschnitt oder Absorptions- oder Reaktionsquerschnitt bezeichnet. Gemäß Gl. (1.3) läßt sich σ/A dann als Wahrscheinlichkeit auffassen, mit der der Prozeß für ein Teilchen eines Strahls der Querschnittsfläche A auftreten würde, wenn nur *ein* Targetteilchen vorhanden wäre. Der Wirkungsquerschnitt σ ist somit ein von den speziellen Versuchsbedingungen „Querschnittsfläche des Teilchenstrahls" und „Anzahl der Targetteilchen" unabhängiges Maß für die Wahrscheinlichkeit des untersuchten Prozesses zwischen den jeweiligen Teilchenarten. Auch in diesen Fällen hat der Wirkungsquerschnitt stets die Dimension einer Fläche und kann anschaulich geometrisch interpretiert werden. Er ist dann der zur Strahlrichtung senkrechte Querschnitt desjenigen Bereichs um ein Targetteilchen, in den ein Strahlteilchen eindringen muß, damit der jeweilige Prozeß stattfindet. Dieser kann für unterschiedliche Wechselwirkungen zwischen der gleichen Kombination von Target- und Strahlteilchenarten sehr verschiedene Größen annehmen (und z.B. auch von der Energie der einfallenden Teilchen abhängen).

In der Kern- und Elementarteilchenphysik werden Wirkungsquerschnitte für Wechselwirkungen zwischen Mikroteilchen im Prinzip ausgehend von Gl. (1.4) bestimmt. Praktisch werden oft nicht die darin auftretenden absoluten Teilchenzahlen gemessen, sondern die Anzahl der innerhalb eines bestimmten Zeitintervalls von einem Detektor registrierten Teilchen („Zählrate"). Man mißt also Teilchenströme bzw. Teilchenstromdichten. Auch im Hinblick auf die anschließenden Überlegungen ist es nützlich, Gl. (1.4) mit diesen Größen entsprechend umzuschreiben. Dabei legen wir wieder ein Streuexperiment zugrunde. Mit

$$I_{\text{Streu}} = \frac{\Delta N'}{\Delta t} \qquad \text{Stromstärke der gestreuten Teilchen}$$

und

$$j_{\text{ein}} = \frac{\Delta N_0}{\Delta t A} \qquad \text{Teilchenstromdichte der einfallenden Teilchen}$$

erhält man den Wirkungsquerschnitt als Verhältnis von Stromstärke der gestreuten Teilchen zur Teilchenstromdichte der einfallenden Teilchen, dividiert
durch die Anzahl N, der zur Streuung beitragenden Targetteilchen:

$$(1.5) \qquad \sigma = \frac{1}{n_T \Delta x A} \cdot \frac{I_{\text{Streu}}}{j_{\text{ein}}} = \frac{I_{\text{Streu}}}{N_T j_{\text{ein}}}.$$

Für die folgenden Betrachtungen werden nun wieder generell Streuexperimente zugrunde gelegt. Es wurde bereits erwähnt, daß aus der *Winkelverteilung*
der gestreuten Teilchen Rückschlüsse auf Eigenschaften der am Streuexperiment beteiligten Teilchen und der Wechselwirkung zwischen ihnen gezogen
werden können. Der letzte Teil dieses Kap. 1.1.2 soll deutlich machen, auf
welche Weise dies prinzipiell möglich ist. In einem ersten Schritt wird dazu
zunächst ausgehend vom Experiment eine geeignete Größe zur quantitativen
Beschreibung der Winkelverteilung eingeführt.

Mit einer Anordnung nach Bild 1.3 kann die Stromstärke der gestreuten
Teilchen in Abhängigkeit von den Winkeln ϑ und φ gemessen werden. Dabei ist
ϑ der Winkel, den die Verbindungslinie vom Mittelpunkt M der Anordnung zum
Detektor mit der Achse des einfallenden Teilchenstrahls einschließt und φ der
Winkel, der die Lage des Detektors in der Ebene senkrecht zum Teilchenstrahl
charakterisiert. Der Detektor befinde sich jeweils im Abstand r vom Mittelpunkt
M des Targets. Für diese zunächst „äußere Betrachtung" des Streuexperiments
wird angenommen, daß dieser Abstand so groß gegenüber dem Durchmesser
des Teilchenstrahls ist, daß alle Teilchen scheinbar vom gleichen Punkt M
ausgehend in den Detektor gelangen.

Der Detektor registriert bei fester Stellung ϑ, φ jeweils alle Teilchen, die
auf die Detektorfläche ΔA_D treffen. Das sind nicht nur die Teilchen, die genau
in Richtung ϑ, φ gestreut werden, sondern alle, die in das um diese Richtung
liegende Raumwinkelelement mit der Größe $\Delta \Omega = \Delta A_D / r^2$ gestreut werden[1].

Die Messung liefert also die Stärke des Teilchenstroms , der in ein Raumwinkelelement $\Delta \Omega$ in die durch ϑ und φ gegebene Richtung gestreut wird. Das
Verhältnis dieser Stromstärke zur Stromstärke $j_{\text{ein}} \cdot A$ der einfallenden Teilchen
ist gleich der Wahrscheinlichkeit, daß ein einfallendes Teilchen vom Target in
das Raumwinkelelement $\Delta \Omega$ in Richtung ϑ, φ gestreut wird.

$$W_{\text{Streu}, \Delta \Omega}(\vartheta, \varphi) = \frac{I_{\text{Streu}, \Delta \Omega}(\vartheta, \varphi)}{j_{\text{ein}} \cdot A}.$$

---

[1] Die Größe eines räumlichen Winkels (Raumwinkels) $\Delta \Omega$ wird mittels der Größe der von
ihm aus der Oberfläche der Einheitskugel „herausgeschnittenen" Fläche ΔA angegeben:
$\Delta \Omega = \frac{\Delta A}{1\text{m}^2}$.
   Die Einheit des Raumwinkels ergibt sich für $A = 1\text{m}^2$ und wird mit 1 sr (Steradiant)
bezeichnet. (Die Bezeichnung sr wird jedoch häufig weggelassen.) Zu einer Fläche $\Delta A'$ auf
einer Kugel vom Radius r gehört dann ein Raumwinkel der Größe $\Delta \Omega' = \frac{\Delta A'}{r^2}$.

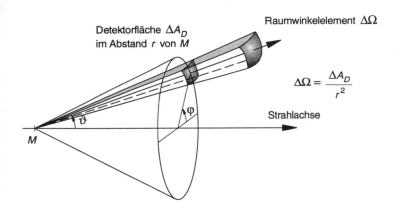

Bild 1.3 Die geometrischen Verhältnisse im Streuexperiment: Winkel ϑ und φ, Raumwinkelelement $\Delta\Omega$. M: Mittelpunkt des Targets. Die Bahnen aller Teilchen, die um den Winkel ϑ gestreut werden, liegen auf dem Mantel des angedeuteten Kegels.

Der Beitrag eines einzelnen Targetteilchens hierzu ergibt sich durch Division durch die Anzahl N_T der Targetteilchen. Nach Gl. (1.1) läßt sich dann ein Wirkungsquerschnitt

$$(1.6) \qquad \Delta\sigma(\vartheta,\varphi) = \frac{\Delta I_{\text{Streu},\Delta\Omega}(\vartheta,\varphi)}{N_T j_{\text{ein}}}$$

für die Streuung in das betrachtete Raumwinkelelement $\Delta\Omega$ angeben. Dieser hängt noch von der Größe des Raumwinkelelements $\Delta\Omega$ ab. Division durch $\Delta\Omega$ auf beiden Seiten der Gl. (1.6) liefert dann den davon unabhängigen *Wirkungsquerschnitt $\Delta\sigma(\vartheta,\varphi)/\Delta\Omega$ für die Streuung in den Einheitsraumwinkel in der durch ϑ und φ gegebenen Richtung*. Man schreibt hierfür auch $d\sigma/d\Omega$ und bezeichnet diese Größe als *differentiellen Wirkungsquerschnitt*. Nach Gl. (1.6) ist also

$$\frac{d\sigma}{d\Omega}(\vartheta,\varphi) = \frac{\text{Anzahl der gestreuten Teilchen je Raumwinkel- und Zeiteinheit}}{\text{Anz. d. Streuzentren} \cdot \text{Teilchenstromdichte der einfallenden Teilchen}}.$$

Diese Größe wird verwendet, um die Richtungsabhängigkeit bei der Streuung quantitativ zu beschreiben. Die Dimension des differentiellen Wirkungsquerschnitts ist die einer „Fläche pro Returnwinkel", seine Einheit z.B. cm^2/sr (sr: Steradiant, Einheit des Raumwinkels, s. Fußnote 1). Er läßt sich als Größe der Fläche interpretieren, die bei der Streuung an einem Teilchen für die Streuung in die angegebene Richtung wirksam ist.

Der differentielle Wirkungsquerschnitt $d\sigma/d\Omega$ hängt im allgemeinen von den Winkeln ϑ und φ ab. Um die Winkelverteilung der gestreuten Teilchen und daraus den differentiellen Wirkungsquerschnitt in Abhängigkeit von der Streurichtung in einem Experiment zu ermitteln, sind Messungen in vielen Richtungen um das Streuzentrum erforderlich – ohne Hilfe durch die moderne Elektronik eine nur mit riesigen Anstrengungen durchführbare experimentelle Aufgabe. Immerhin liegt bei vielen Streuexperimenten Rotationssymmetrie um die Achse des einfallenden Teilchenstrahls vor, so daß $d\sigma/d\Omega$ hinsichtlich der Winkel nur eine Funktion des als *Streuwinkel* bezeichneten Winkels ϑ ist.

Für ein einzelnes einfallendes Teilchen ist der Wert von $d\sigma/d\Omega$ für eine vorgegebene Richtung ein Maß für die Wahrscheinlichkeit, in diese Richtung gestreut zu werden. – Der Zusammenhang zum oben definierten Wirkungsquerschnitt σ wird durch das Integral von $d\sigma/d\Omega$ über den gesamten Raumwinkel Ω (d.h. über alle Richtungen ϑ und φ) hergestellt[2].

Wie hängt nun der differentielle Wirkungsquerschnitt mit Eigenschaften der untersuchten Teilchen zusammen? Um dies zu verdeutlichen, soll noch einmal das als Einstiegsbeispiel verwendete Gedankenexperiment „elastischer Stoß punktförmiger Teilchen an einer großen Kugel" herangezogen werden. Die große Kugel soll dabei in Ruhe bleiben, so daß die Streuung einfach durch Reflexion der Teilchen an der Kugeloberfläche erfolgt.

Mit ϑ wird jetzt der Winkel bezeichnet, um den ein einfallendes Teilchen aus seiner ursprünglichen Richtung abgelenkt wird, φ kennzeichnet die Lage der Teilchenbahn in der Ebene senkrecht zur Strahlachse, bezogen auf den Mittelpunkt des betrachteten Streuzentrums (Bild 1.4). Mit den oben (s. Bild 1.3) eingeführten, um den Mittelpunkt aller jeweils vorliegenden Streuzentren gemessenen Winkeln stimmen sie überein, sofern die gestreuten Teilchen in – relativ gesehen – großer Entfernung vom Target registriert werden.

In welche Richtung ein Teilchen gestreut wird, hängt in diesem Beispiel davon ab, an welcher Stelle es auf die Oberfläche der Kugel trifft. Da Rotationssymmetrie um die Strahlachse besteht, hängt der Streuwinkel ϑ nur vom Abstand der Bahn eines einfallenden Teilchens vom Mittelpunkt M des Streuzentrums ab, vom sogenannten *Stoßparameter* b. Alle Teilchen, deren

---

[2] Der gesamte Raumwinkel entspricht der Oberfläche der Einheitskugel ($\Omega = 4\pi$), ein Raumwinkelelement $d\Omega$ einem durch $d\vartheta$ und $d\varphi$ aufgespannten Flächenelement auf der Einheitskugel, so daß $d\Omega = \sin\vartheta d\vartheta d\varphi$.

Hängt der differentielle Wirkungsquerschnitt $d\sigma/d\Omega$ nicht von φ, sondern nur von ϑ ab, so gilt:

$$\sigma = \int_\Omega \frac{d\sigma}{d\Omega}(\vartheta)d\Omega = \int_{\vartheta=0}^{\pi}\int_{\varphi=0}^{2\pi} \frac{d\sigma}{d\Omega}(\vartheta)\sin\vartheta d\varphi d\vartheta = 2\pi\int_{\vartheta=0}^{\pi} \frac{d\sigma}{d\Omega}(\vartheta)\sin\vartheta d\vartheta.$$

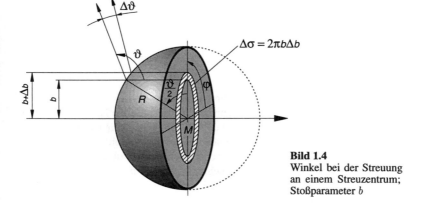

Bild 1.4
Winkel bei der Streuung
an einem Streuzentrum;
Stoßparameter b

Bahnen in einem Kreisring mit den Radien b und $b + \Delta b$ um die Strahlachse verlaufen, werden um einen Winkel zwischen ϑ und $\vartheta - \Delta\vartheta$ abgelenkt. Das Raumwinkelelement, in das sie gestreut werden, ist ein kegelförmiger Raumausschnitt der Größe $\Delta\Omega = 2\pi \sin\vartheta \Delta\vartheta$; der hierzu beitragende Bereich des Wirkungsquerschnitts ist $\Delta\sigma = 2\pi b \Delta b$. Daraus ergibt sich für den differentiellen Wirkungsquerschnitt allein aus der Rotationssymmetrie zunächst die Beziehung

(1.7)
$$\frac{\mathrm{d}\sigma}{\mathrm{d}\Omega} = \frac{b}{\sin\vartheta} \left| \frac{\mathrm{d}b}{\mathrm{d}\vartheta} \right|.$$

(Das Betragszeichen steht, da $\mathrm{d}\sigma/\mathrm{d}\Omega$ definitionsgemäß immer positiv ist.) Diese Beziehung gilt bei klassischer Betrachtung ganz allgemein, sofern Rotationssymmetrie um die Strahlachse vorliegt. Die Abhängigkeit des Streuwinkels ϑ vom Stoßparameter b wird von der zwischen den Teilchen wirkenden Kraft und anderen, das Ausmaß der Richtungsänderung beeinflussenden Größen, bestimmt. In unserem Gedankenexperiment folgt aus der Annahme, daß sich die einfallenden Teilchen i.w. kräftefrei bewegen und nur an der Kugeloberfläche eine Richtungsänderung entsprechend dem Reflexionsgesetz erfahren:

$$b = R\cos\frac{\vartheta}{2}$$

(s. Bild 1.4). Für den differentiellen Wirkungsquerschnitt für die elastische Streuung an der Kugel erhält man damit schließlich

$$\frac{d\sigma}{d\Omega} = \frac{R^2}{4},$$

d.h. er ist winkelunabhängig.

Ersetzt man die streuende Kugel durch ein Ellipsoid mit kreisförmiger Querschnittsfläche (Radius R) senkrecht zur Strahlachse und einer Halbachse $P \neq R$ parallel zur Strahlachse (Bild 1.5 oben), so erhält man für den differentiellen Wirkungsquerschnitt ein ganz anderes Ergebnis, obwohl in beiden Fällen $\sigma = \pi R^2$ ist[3]. Wenn $P > R$ ist, ist schon anschaulich zu erwarten, daß das Ellipsoid im Vergleich zur Kugel mehr Teilchen in die „Vorwärtsrichtung" ($\vartheta < \frac{\pi}{2}$) und weniger in die „Rückwärtsrichtung" ($\vartheta > \frac{\pi}{2}$) streuen wird; $d\sigma/d\Omega$ muß also im Fall des Ellipsoids für kleine Winkel ϑ größer als für die Kugel sein. Im unteren Teil von Bild 1.5 sind die differentiellen Wirkungsquerschnitte für die elastische Streuung an einem Ellipsoid mit $P = 2R$ und an einer Kugel vom Radius R in Abhängigkeit vom Streuwinkel ϑ dargestellt. In diesen Beispielen beeinflußt die geometrische Form der streuenden Körper die Ablenkung der einfallenden Teilchen und damit den Verlauf des differentiellen Wirkungsquerschnitts.

Ursache der Streuung ist die zwischen den Streupartnern wirkende Kraft, und über sie möchte man aus Streuexperimenten Aufschlüsse erhalten. Der Vergleich „Kugel-Ellipsoid" zeigte, daß die dort vorliegenden unterschiedlichen Abhängigkeiten der Kraft von der relativen Lage der Mittelpunkte der Teilchen zu deutlich verschiedenen differentiellen Wirkungsquerschnitten führen. Es ist aber nicht möglich, aus einem gemessenen differentiellen Wirkungsquerschnitt direkt auf eine Gesetzmäßigkeit für die Kraft zwischen den am Streuexperiment beteiligten Teilchen zu schließen. Man muß deshalb ausgehend von Annahmen über diese Kraft – analog zum Beispiel oben – den differentiellen Wirkungsquerschnitt theoretisch berechnen und ihn mit den experimentellen Werten vergleichen. Erhält man – ggf. nach mehreren Modifikationen der Annahmen – schließlich ein Ergebnis, das gut mit dem gemessenen differentiellen

---

[3] Aus den von den Kurven und der ϑ-Achse eingeschlossenen Flächen kann trotz der Unabhängigkeit von φ nicht direkt auf σ geschlossen werden, da die Funktionswerte bei der Integration über den gesamten Raumwinkel Ω noch mit dem Faktor $\sin\vartheta$ gewichtet werden müssen (s. Fußnote 2, S. 10).

Für den differentiellen Wirkungsquerschnitt der Streuung am Ellipsoid erhält man in diesem Fall aus rein geometrischen Betrachtungen die schon recht komplizierte Formel

$$\frac{d\sigma}{d\Omega}(\vartheta) = \frac{R^2}{4} \cdot \frac{\alpha^2}{(1 + (\alpha^2 - 1)\sin^2\frac{\vartheta}{2})^2} \quad \text{mit} \quad \alpha = \frac{P}{R}.$$

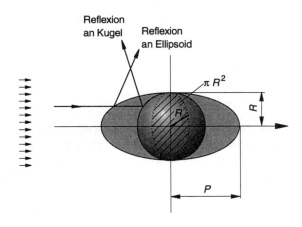

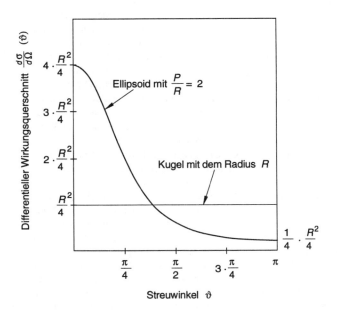

Bild 1.5 Differentieller Wirkungsquerschnitt für die Streuung durch elastischen Stoß an einer Kugel und an einem Ellipsoid

Wirkungsquerschnitt übereinstimmt, dann bedeutet dies, daß das verwendete Kraftgesetz eine „brauchbare Näherung" zur Beschreibung der Verhältnisse im betrachteten Experiment darstellt. (Möglicherweise gibt es aber auch mehrere gute Näherungen für den vorliegenden Sachverhalt.)

1.1.3 Streuung von α-Teilchen

Nachdem wir uns etwas ausführlich und allgemein mit der Beschreibung von Streuprozessen durch Wirkungsquerschnitte beschäftigt haben, nehmen wir das Thema der Streuung von Alphateilchen an Atomkernen wieder auf. E. RUTHERFORD selbst äußerte sich rückblickend folgendermaßen zu den Beobachtungen und Deutungen der Experimente:

> „Die Vorstellung über die Kernstruktur der Atome entstand anfänglich durch den Versuch, die Streuung der α-Teilchen um große Winkel bei der Durchquerung dünner Materieschichten zu berechnen[4]. Berücksichtigte man die große Masse und Geschwindigkeit der α-Partikel, so waren diese großen Ablenkungen sehr auffallend und deuteten an, daß im Inneren des Atoms sehr intensive elektrische oder magnetische Felder vorhanden seien. Für die Berechnung dieser Resultate ergab es sich als notwendig anzunehmen[5], daß das Atom aus einem geladenen massiven Kern bestehe, dessen Dimensionen im Vergleich mit der gewöhnlich angenommenen Größe des Atomdurchmessers sehr klein sind. Dieser positiv geladene Kern enthält den Großteil der Masse des Atoms und ist von einer gewissen Entfernung an von einer Wolke von Elektronen umgeben, die an Zahl gleich sind der resultierenden positiven Ladung des Kernes. Unter diesen Umständen besteht in der Nähe des Kernes ein intensives elektrisches Feld, und die große Ablenkung des α-Teilchens tritt bei einem Zusammenstoß mit einem einzelnen Atom ein, wenn das Teilchen in der Nähe des Kernes vorbeikommt. Unter der Annahme, daß die elektrischen Kräfte zwischen dem α-Teilchen und dem Kerne in der Nähe des Kernes nach einem Gesetz variieren, das dem reziproken Quadrate folgt, stellte der Verfasser Beziehungen auf, die die Zahl der α-Teilchen, die um irgendeinen Winkel gestreut werden, mit der Ladung des Kernes und der Energie des α-Teilchens verknüpfen. Unter der Wirkung der Zentralkraft beschreibt das α-Teilchen eine hyperbolische Bahn an dem Kern vorbei, und die Größe der Ablenkung hängt von der Größe der Annäherung an den Kern ab. Aus den nun benutzbaren Daten über die Streuung der α-Partikel wurde dann gefolgert, daß die Gesamtladung des Kernes etwa $\frac{1}{2}Ae$ betrage, wo A das Atomgewicht und e das elektrische Elementarquantum bedeutet."

---

[4] GEIGER u. MARSDEN, Roy. Soc. Proc. A. 82,495,1909.

[5] RUTHERFORD, Phil. Mag. 21, 669, 1911; 27, 488, 1914.

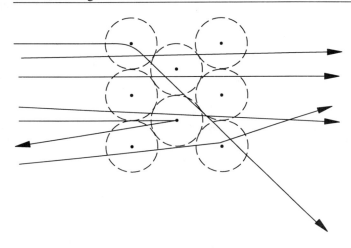

Bild 1.6 Schematische Darstellung der α-Streuung in einer Metallfolie

(aus Ernest RUTHERFORD: Über die Struktur der Atome. Baker-Vorlesung. Übersetzung von Dr. E. NORST. Leipzig: S. Hirzel-Verlag 1921 (heute S. Hirzel-Verlag, Stuttgart)).

Bild 1.6 enthält eine grobe (natürlich nicht maßstabsgerechte) Skizze dieser Vorstellung über die Streuung von α-Teilchen in einer Metallfolie. Die von RUTHERFORD oben erwähnten Beziehungen zwischen der Zahl der um einen bestimmten Winkel gestreuten α-Teilchen, ihrer Energie und der Ladung des Kerns führen auf den differentiellen Wirkungsquerschnitt für ihre Streuung im COULOMBfeld von Atomkernen. Dessen Ableitung sowie die Ergebnisse seiner experimentellen Überprüfung publizierte RUTHERFORD 1911 in seiner Arbeit „The Scattering of α- and β-Particles by Matter and the Structure of the Atom" (Phil. Mag. 21 (1911), 669).

Wir wollen diese Ableitung hier nicht im Detail nachzeichnen, sondern nur das Prinzip erläutern:

- RUTHERFORD nahm an, daß die Streuung der doppelt ionisierten Heliumatome (α-Teilchen) ausschließlich durch die COULOMBkraft zwischen der Kernladung $Q_1 = Ze$ und der Ladung des He-Kerns $Q_2 = 2e$ bewirkt werde (e ist die Elementarladung).

- Da die COULOMBkraft und die Gravitationskraft zwischen zwei Teilchen die gleiche $\frac{1}{r^2}$-Abhängigkeit haben, läßt sich in Analogie zum Planetensystem sagen, daß sich ein von außen mit der Geschwindigkeit v_0 einfallendes α-Teilchen mit $m_\alpha \ll m_{\mathrm{K}}$ (m_α, m_{K}: Masse des α-Teilchens bzw. des

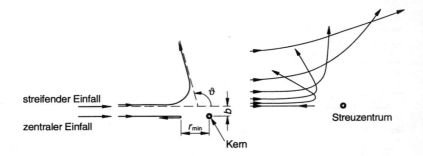

Bild 1.7 Hyperbelbahnen von α-Teilchen im COULOMBfeld eines schweren Atomkerns. b: Stoßparameter; ϑ: Streuwinkel; $r_{\min}$: minimaler Abstand bei zentralem Stoß ($b = 0$)

Kerns) auf einer Hyperbel bewegen muß, in deren externem Brennpunkt sich der Atomkern befindet (Bild 1.7 links).

- Zu einem bestimmten Stoßparameter b (Bild 1.7) gehört ein bestimmter Streuwinkel ϑ. Je größer b ist, desto kleiner wird ϑ (Bild 1.7 rechts). Quantitativ ergibt sich aus der Geometrie der Hyperbel und der Verwendung von Drehimpuls- und Energiesatz

$$(1.8) \qquad\qquad b = \frac{r_{\min}}{2}\cot\frac{\vartheta}{2}.$$

Dabei ist $r_{\min}$ der minimale Abstand vom Mittelpunkt der positiven Kernladung, den das α-Teilchen bei einem zentralen Stoß (d.h. $b = 0$) aufgrund seiner kinetischen Energie erreichen könnte. Da hier die anfängliche kinetische Energie $\frac{1}{2}m_\alpha v_0^2$ vollständig in potentielle Energie umgewandelt ist, gilt

$$(1.9) \qquad\qquad r_{\min} = \frac{2Ze^2}{4\pi\epsilon_0}\cdot\frac{1}{\frac{1}{2}m_\alpha v_0^2}.$$

- Nun kann der Zusammenhang von Stoßparameter b und Streuwinkel ϑ nicht direkt beobachtet werden; der Stoßparameter kann aufgrund der Unkenntnis der Atomkernpositionen nicht bestimmt werden. Deshalb ging RUTHERFORD zu dem statistischen Konzept des Wirkungsquerschnitts über und leitete die Beziehung

$$(1.10) \qquad\qquad \frac{d\sigma}{d\Omega}(\vartheta) = \frac{r_{\min}^2}{16}\cdot\frac{1}{(\sin\frac{\vartheta}{2})^4}$$

ab. (Sie folgt mit Gl. (1.8) aus Gl. (1.7), S. 11.)

- Die Gültigkeit von Gl. (1.10) kann experimentell überprüft werden, denn $\frac{d\sigma}{d\Omega}(\vartheta)$ ist die Anzahl der um ϑ gestreuten Teilchen pro Raumwinkel- und Zeiteinheit ($\Delta I(\vartheta)$), dividiert durch die Anzahl der Streuzentren und durch die Anzahl der pro Zeit- und Flächeneinheit einfallenden Teilchen (Teilchenstromdichte j_{ein}, s. S. 8). Schießt man die Alphateilchen auf eine dünne Folie der Dicke Δx und der Fläche A, die n Atome pro Volumeneinheit enthält, dann ist (analog zu Gl. (1.6))

$$\frac{d\sigma}{d\Omega}(\vartheta) = \frac{\Delta I(\vartheta)}{n \, \Delta x \, A \, j_{\mathrm{ein}}},$$

sofern die Folie so dünn ist, daß jedes Alphateilchen höchstens einmal gestreut wird. Setzt man nun noch $I_{\mathrm{ein}} = j_{\mathrm{ein}} A$, dann erhält man die überprüfbare Beziehung

(1.11) $$\frac{\Delta I(\vartheta)}{I_{\mathrm{ein}}} = n \, \Delta x \, \frac{d\sigma}{d\Omega}(\vartheta) = \frac{r_{\mathrm{min}}^2 \, \Delta x \, n}{16} \cdot \frac{1}{(\sin \frac{\vartheta}{2})^4}$$

zwischen den je Zeiteinheit einfallenden und den um ϑ pro Raumwinkeleinheit gestreuten Teilchen.

Besonders auffallend an diesem Ergebnis ist die starke Winkelabhängigkeit ($\sim (\sin \frac{\vartheta}{2})^{-4}$) der Streuung, die beinhaltet, daß beispielsweise unter $\vartheta = 90°$ mit einem α-Detektor nur noch $1{,}45 \cdot 10^{-3}$ % der Rate bei $\vartheta = 5°$ und bei $\vartheta = 180°$ gar nur noch $0{,}36 \cdot 10^{-3}$ % davon gezählt werden dürfen. Dies entspricht qualitativ der Beobachtung vieler „durchgehender" und sehr, weniger, um große Winkel gestreuter α-Teilchen. Ferner hängt der Anteil der gestreuten Teilchen stark von deren Geschwindigkeit ab: er ist proportional zu $\frac{1}{v^4}$ (vgl. Gl. (1.11) und Gl. (1.9)).

In einer Reihe mühsamer, aber ausgezeichneter Experimente, in der sie die begonnenen Streuversuche fortsetzten, verifizierten GEIGER und MARSDEN die Richtigkeit der von RUTHERFORD aufgestellten Streuformel (H. GEIGER, E. MARSDEN 1909, 1913). Das Prinzip der Experimente ist in Bild 1.8 dargestellt. Es erläutert auch noch einmal die Bedeutung einiger in die obige Streuformel eingehender Größen. GEIGER und MARSDEN variierten die Geschwindigkeit der einfallenden α-Teilchen, indem sie zwischen Quelle und Streufolie andere Folien brachten, in denen die α-Teilchen einen Teil ihrer kinetischen Energie verloren. Sie testeten auf diese Weise die $\frac{1}{v^4}$-Abhängigkeit der Streuung. Um die Ordnungszahl Z zu verändern, verwendeten sie neben Goldfolien auch Silber-, Kupfer- und Aluminium-Folien. Die Winkelabhängigkeit wurde in kleinen Schritten von 5° bis 150° untersucht, was einer Zählratenänderung von 240 000 zu 1 entspricht! Als α-Detektor diente ein drehbar aufgestellter Zinksulfidschirm, der durch ein Mikroskop betrachtet wurde. Die von den

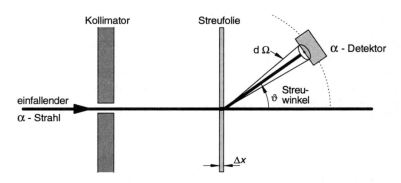

Bild 1.8 Prinzipieller Aufbau der α-Streuversuche von GEIGER und MARSDEN

auftreffenden Teilchen ausgelösten kleinen Lichtblitze, Szintillationen, wurden einzeln mit dem Auge wahrgenommen und per Hand registriert! Bild 1.9 zeigt das Originalergebnis einer Meßreihe zur Untersuchung der Winkelabhängigkeit bei Gold (E. RUTHERFORD 1911; H. GEIGER/E. MARSDEN 1913).

Eine Interpretation dieser Streuversuche ist bereits in dem Zitat enthalten, das zu Beginn dieses Abschnitts abgedruckt ist. Sie soll in einigen Punkten noch präzisiert und ergänzt werden. Da die Masse der α-Teilchen etwa 7 300 mal größer ist als die der Elektronen, spielen Stöße mit Elektronen hinsichtlich Ablenkung und Energieverlust keine Rolle. α-Teilchen erfahren nur dann eine starke abstoßende Kraft, wenn sie sehr nahe an einen Kern, der ja die gesamte positive Ladung trägt, herankommen. Großen Streuwinkeln entspricht große Annäherung des α-Teilchens an den Kern; sie tritt selten auf wegen der großen Kernabstände. Die meisten Teilchen durchqueren die Folie praktisch unbeeinflußt (vgl. Bild 1.6, S. 15). Der Bereich, auf den die positive Ladung konzentriert ist, sollte nach RUTHERFORDS Schätzungen einen Radius kleiner als 10^{-14} m haben.

Für die oben nur kurz skizzierte Herleitung der RUTHERFORDschen Streuformel wurde vorausgesetzt, daß die streuenden Atomkerne beim Streuprozeß in Ruhe bleiben. Dies ist näherungsweise erfüllt, wenn die Masse der Kerne sehr groß gegenüber der der Geschoßteilchen ist. Der Rückstoß, den ein Streuzentrum der Masse M erfährt, wird bei der theoretischen Behandlung des Streuproblems exakt berücksichtigt, wenn man anstelle der Masse m des einfallenden Teilchens die sogenannte reduzierte Masse $M_0 = \frac{mM}{m+M}$ beider Streupartner verwendet (Gl. (1.9)) und das Problem im Schwerpunktsystem

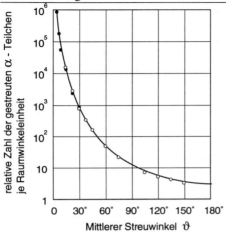

Bild 1.9 Differentieller Streuquerschnitt für die Einfachstreuung von α-Teilchen in einer dünnen Goldfolie (EVANS 1972). Aufgetragen ist die relative Anzahl von α-Teilchen, die in einen Raumwinkel fester Größe unter dem mittleren Streuwinkel ϑ gestreut wurde. Die geschlossenen und offenen Kreise gehören zu experimentellen Daten von GEIGER und MARSDEN (1913) aus zwei verschiedenen Untersuchungsreihen. Die durchgezogene Kurve ist proportional zu $(\sin\frac{\vartheta}{2})^{-4}$; sie wurde bei $\vartheta = 135°$ an die Meßpunkte angepaßt.

behandelt[6]. Die Streuformel bleibt dann formal gültig; die darin auftretenden Größen sind lediglich auf das Schwerpunktsystem bezogen und müssen zum Vergleich mit den im Laborsystem gemessenen Größen in dieses umgerechnet werden. Im Fall der Streuung von α-Teilchen an Kernen schwerer Atome ergibt die Analyse der absoluten Streuraten, daß die gesamte Atommasse bei einem Streuakt als Rückstoßmasse fungiert. Dies läßt sich am einfachsten so auslegen, daß mit der positiven Ladung auch nahezu die gesamte Atommasse (die Masse der Elektronen trägt nur unwesentlich zur Atommasse bei) auf einen Raum mit der linearen Ausdehnung in der Größenordnung von 10^{-14} m im Zentrum des Atoms konzentriert ist.

---

[6] Im Schwerpunktsystem bleibt der Schwerpunkt (Massenmittelpunkt) der beiden Streupartner in Ruhe, und die Impulse der beiden Teilchen sind gleich groß und entgegengesetzt gerichtet. Beide Teilchen bewegen sich in diesem System auf Hyperbelbahnen, vor dem Stoß aufeinander zu, danach in einander entgegengesetzter Richtung auseinander. Der Streuwinkel im Schwerpunktsystem ist der Winkel zwischen den Asymptoten der Teilchenbahnen (zur Veranschaulichung s. Bild 1.14, S. 27). Die Umrechnungen zwischen Schwerpunkt- und Laborsystem werden hier im einzelnen nicht benötigt und deshalb auch nicht angegeben. (Eine ausführliche Darstellung findet man z.B. in: H. GOLDSTEIN: Klassische Mechanik. 7. Aufl. Wiesbaden: Akademische Verlagsgesellschaft 1983, S. 94ff.)

Die elektrische Ladung des Atomkerns erwies sich als ganzzahliges Vielfaches Z der Elementarladung, wobei Z mit der Ordnungszahl des betreffenden Elementes im Periodensystem übereinstimmte. Damit hatte die Ordnungszahl ihre physikalische Deutung gefunden: Sie ist gleich der Zahl der positiven Elementarladungen im Atomkern.

Es muß ergänzend bemerkt werden, daß eine quantenmechanische Behandlung der α-Streuung, bei welcher der „Wellencharakter" der α-Teilchen berücksichtigt wird, nur dann zum gleichen Resultat wie die klassische Rechnung von RUTHERFORD führt, wenn die DE BROGLIE-Wellenlänge λ der α-Teilchen sehr klein gegenüber dem Parameter (minimaler Abstand) r_{min} der oben angegebenen Streuformel ist. Dies war bei den Experimenten von RUTHERFORD und Mitarbeitern der Fall.

Bei Abständen zwischen α-Teilchen und Atomkernen, die kleiner als 10^{-14} m sind, weicht die festgestellte Streuung von der Streuung ab, die bei reiner COULOMBwechselwirkung auftreten würde. Es macht sich der Einfluß der noch zu besprechenden Kernkraft bemerkbar. Das Studium dieser Abweichung ist eine mögliche Methode zur Bestimmung des Atomkernradius. Mit ihm wollen wir uns in Kap. 1.2 beschäftigen.

1.1.4 Röntgenspektroskopie

Neben der (elastischen) Streuung von RÖNTGENstrahlung an den Atom-Elektronen (Kap. 1.1.1) gibt es ein zweites Verfahren, das diese elektromagnetische Strahlung zur Bestimmung von Kernladungen verwendet. Es beruht auf der Analyse der *charakteristischen* RÖNTGEN*strahlung*.

RÖNTGENstrahlung wird meist erzeugt, indem man Elektronen zunächst in einem elektrischen Feld beschleunigt und dann auf einen Festkörper (oft die Anode selbst) aufprallen läßt. Als Folge der Abbremsung der Elektronen in den atomaren elektrischen Feldern beobachtet man ein kontinuierliches Spektrum elektromagnetischer Strahlung. Es ist überlagert von einem Linienspektrum, das für das betreffende Material charakteristisch ist. Ursache dieses Linienspektrums sind angeregte Zustände der Atomhülle, die hier durch Stöße der einfallenden Elektronen mit Atomelektronen entstehen. Wegen der hohen Energie der einfallenden Elektronen können diese auch innere Atomelektronen aus der Atomhülle herauslösen, so daß Plätze in tiefen Energieniveaus frei werden. Eine so entstandene Lücke in der Elektronenkonfiguration eines Atoms wird aufgefüllt, indem ein Elektron aus einem höheren Energieniveau unter Abstrahlung der Energiedifferenz in das tiefere übergeht. Der Mechanismus, der zum *diskreten* RÖNTGEN*spektrum* führt, ist also im Prinzip der gleiche wie der für die Spektrallinien im sichtbaren Bereich verantwortliche. Der Unterschied besteht lediglich darin, daß den „optischen" Spektren ausschließlich Anregungen und Energieniveauübergänge der äußeren Elektronen mit entsprechend kleinen Energiedifferenzen zwischen den beteiligten Niveaus zugrundeliegen, während hier durch die Beteiligung innerer Elektronen auch sehr hohe Energiedifferenzen und entsprechend hochfrequente Strahlung auftreten.

Einen Zusammenhang zwischen der Frequenz der ausgesandten Strahlung und der Kernladung kann man aus den BOHRschen Energietermen erhalten. Wenn auch das BOHRsche Atommodell streng genommen heute nur noch historische Bedeutung hat, so gibt es doch die groben Eigenschaften der Termschemata für das Wasserstoffatom und wasserstoffähnliche Atome richtig wieder. Aus Gründen der Einfachheit wollen wir im folgenden die BOHRschen Energieterme unserer Argumentation zugrunde legen. Ausgefeiltere quantenmechanische Energieberechnungen ändern die Aussagen nicht wesentlich.

Betrachtet man nur ein Elektron im Feld eines Kerns der Ladung Ze, dann gehört zu einem Zustand mit der Hauptquantenzahl n die Energie

$$E_n = -\frac{2\pi^2\, m_{\mathrm{e}}\, Z^2\, e^4}{(4\pi\epsilon_0)^2\, h^2} \cdot \frac{1}{n^2},$$

wobei e die Elementarladung, m_{e} die Ruhmasse des Elektrons, h das PLANCKsche Wirkungsquantum und ϵ_0 die elektrische Feldkonstante ist. Mit Hilfe der Feinstrukturkonstanten $\alpha = \frac{e^2}{4\pi\epsilon_0\hbar c} \approx \frac{1}{137}$ ($\hbar = \frac{h}{2\pi}$)und der Ruhenergie des Elektrons $m_{\mathrm{e}}c^2 = 511$ keV läßt sich dies zu

$$E_n = -\alpha^2\, \frac{m_{\mathrm{e}}c^2}{2}\, Z^2\, \frac{1}{n^2} = -13{,}6\, \frac{Z^2}{n^2}\, \mathrm{eV}$$

vereinfachen. Die Energie des Photons, welches bei einem Quantenübergang aus einem Energiezustand mit der Hauptquantenzahl m in einen Zustand mit der Hauptquantenzahl n emittiert wird, beträgt dann

$$h\nu = E_m - E_n = 13{,}6\, Z^2 \left(\frac{1}{n^2} - \frac{1}{m^2}\right)\, \mathrm{eV}.$$

In der RÖNTGENspektroskopie verwendet man oft anstelle der Hauptquantenzahlen 1,2,3... die Schalenbezeichnungen K,L,M.... Die zum Übergang $2 \rightarrow 1$ gehörende Spektrallinie wird dann als K_α-Linie, die zum Übergang $3 \rightarrow 2$ gehörende als L_α-Linie bezeichnet. Diesen charakteristischen RÖNTGENlinien ensprechen nach der hier vorgenommenen Näherung die Energien

(1.12)
$$E_{\mathrm{K}_\alpha} = 13{,}6\, Z^2 \left(1 - \frac{1}{2^2}\right)\, \mathrm{eV} = 10{,}2\, \mathrm{eV} \cdot Z^2$$

und

(1.13)
$$E_{\mathrm{L}_\alpha} = 13{,}6\, Z^2 \left(\frac{1}{4} - \frac{1}{9}\right)\, \mathrm{eV} = 1{,}89\, \mathrm{eV} \cdot Z^2.$$

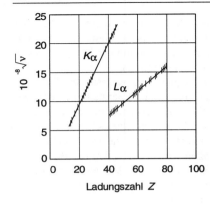

Bild 1.10
MOSELEYS Original-Daten für die Frequenzen der K_α- und L_α-Linien (EVANS 1972)

Diese beiden Übergänge im Bereich der RÖNTGENenergien erfolgen nahe am Kernort („innere Schalen"), so daß die „äußeren" Elektronen auch bei nichtwasserstoffähnlichen Atomen die Energieverhältnisse kaum beeinflussen. Nicht außer acht gelassen werden darf dagegen der Einfluß der Ladungen der „inneren" Elektronen. Gemeint ist bei der K_α-Linie das zweite Elektron im Zustand $n = 1$ (K-Schale) und bei der L-Schale die beiden K-Elektronen und die Elektronen der L-Schale. Die Ladung dieser „inneren" Elektronen wirkt sich so aus, daß sie die effektive Kernladung, die das das den Quantensprung vollziehende Elektron „sieht", vermindert. Das hat zur Konsequenz, daß wir in unseren Formeln für E_{K_α} und E_{L_α} anstelle von Z eine effektive Ladungszahl $(Z - a)$ setzen müssen, wobei a die Rolle einer „Abschirm"-Konstanten übernimmt. Mit den Frequenzen der zugehörigen charakteristischen RÖNTGENlinien sind diese Übergangsenergien durch $E = h \cdot \nu$ verbunden.

Der englische Physiker Henry MOSELEY analysierte die RÖNTGENspektren von 38 Elementen (MOSELEY 1913, 1914). Er erkannte als erster, daß für die K_α- und L_α-Linien ein linearer Zusammenhang zwischen $\sqrt{\nu}$ und der Ordnungszahl Z der Elemente in der Form

$$\sqrt{\nu} = \text{const} \cdot (Z - a)$$

besteht. Diese Beziehung entspricht den durch eine Abschirmkonstante modifizierten Gleichungen (1.12) und (1.13) für E_{K_α} bzw. E_{L_α}.

MOSELEYS Daten sind in Bild 1.10 aufgetragen. Aus ihnen lassen sich die Abschirmkonstanten $a_{K_\alpha} \approx 1$ und $a_{L_\alpha} \approx 7{,}4$ ermitteln, die aus den hier abgebildeten Graphen allerdings nur ganz grob als Schnittpunkte der verlängerten Geraden mit der Abszisse abgeschätzt werden können. Mit der Kenntnis dieser Konstanten können aus den gemessenen Frequenzen der charakteristischen

RÖNTGENlinien die Kernladungszahlen noch unbekannter Elemente bestimmt werden.

MOSELEY trug in Bild 1.10 die Wurzeln der gemessenen Frequenzen zwar gegen die 1913 aus dem damaligen Periodensystem der Elemente resultierenden *Ordnungszahlen* auf. Da jedoch kein Meßwert aus dem durch den Graphen repräsentierten linearen Zusammenhang herausfällt, kann mit Genugtuung geschlossen werden, daß *die chemische Ordnungszahl identisch ist mit der Kernladungszahl.* In der Tat ist bis heute die RÖNTGENspektroskopie die zuverlässigste Methode zur Bestimmung von Kernladungen.

Mit der Darstellung dreier prinzipieller Methoden und ihrer historischen Wurzeln zur Bestimmung der Ladung von Atomkernen, nämlich RÖNTGEN-streuexperimente, COULOMBstreuung von Kernen an Kernen und RÖNTGEN-spektroskopie, wollen wir es bewenden lassen. Es ließen sich noch andere Möglichkeiten anführen. Alle Verfahren haben zu konsistenten und übereinstimmenden Resultaten geführt. Die Kernladungszahlen gehören heute zu den sichersten Daten der Kernphysik.

1.2   Der Atomkernradius

Von den zahlreichen Methoden der Kernphysik zur quantitativen Bestimmung der Größe des Atomkerns sollen hier nur drei Verfahren etwas näher betrachtet werden. Die genaue Vermessung des Atomkerns erfordert sowohl präzise und aufwendige Experimente als auch mathematisch relativ komplexe Analysen der Daten. Die Ergebnisse hängen etwas von der experimentellen Methode und modellabhängigen Annahmen bei der Auswertung der Meßdaten ab. Neben den experimentellen Methoden werden auch die wesentlichen Züge einiger Verfahren zur Datenauswertung vorgestellt, um über die bloße Darlegung experimenteller Fakten hinaus einen Einblick darin zu vermitteln, wie die Daten gewonnen wurden. Zum Teil wird dabei auch erst deutlich, wie Einzelergebnisse physikalisch zu interpretieren sind. Der Schwerpunkt liegt trotz einiger quantitativer Beispiele, die mit relativ einfachen Mitteln auszuwerten sind, auf dem qualitativen Verständnis.

1.2.1   Abweichungen von der Rutherfordstreuung

Bei der Diskussion der RUTHERFORD-Streuexperimente in Kap. 1.1.3 wurde bereits darauf hingewiesen, daß bei sehr kleinen Abständen zwischen den Streupartnern Abweichungen von der reinen COULOMBstreuung beobachtet werden können. Große Annäherung läßt sich durch Steigerung der Einschußenergie oder auch durch Verminderung der Kernladungszahl Z der streuenden Kerne (Streuung relativ leichter Ionen aneinander) erzielen. Hier wird zunächst jedoch auch weiterhin die Streuung von Alphateilchen an schweren Atomkernen betrachtet.

Zur systematischen Untersuchung von Abweichungen von der COULOMB-streuung kann man entweder

• bei festem Streuwinkel die Energieabhängigkeit des differentiellen Wirkungsquerschnitts oder

• bei fester Einschußenergie die Winkelabhängigkeit des differentiellen Wirkungsquerschnitts

messen.

Der differentielle Wirkungsquerschnitt für reine COULOMBstreuung von α-Teilchen an schweren Atomkernen ist nach Kap. 1.1.3

$$\frac{d\sigma}{d\Omega} = \frac{r_{min}^2}{16} \cdot \frac{1}{(\sin\frac{\vartheta}{2})^4} \quad \text{mit} \quad r_{min} = \frac{1}{4\pi\epsilon_0} \cdot \frac{2Ze^2}{\frac{1}{2}m_\alpha v_0^2}.$$

Bei festem Streuwinkel ϑ sollte demnach $\frac{d\sigma}{d\Omega}$ proportional zu $1/E_\alpha^2$ sein, wenn E_α die kinetische Energie der einfallenden Teilchen ist. In Bild 1.11 sind Meßergebnisse für die Streuung von α-Teilchen unterschiedlicher Energie an Goldkernen eingetragen[7]. Der Streuwinkel ϑ beträgt jeweils 60°. Die nach der RUTHERFORDschen Streuformel zu erwartenden Werte liegen auf der gestrichelten Kurve. Bis hin zu etwa 27 MeV stimmen sie gut mit den experimentellen Werten überein. Für höhere Energie der α-Teilchen weicht der experimentell bestimmte Wirkungsquerschnitt jedoch zunehmend von dem für RUTHERFORD-streuung (d.h. reine COULOMBstreuung der α-Teilchen) berechneten ab.

Wäre der Streuwinkel $\vartheta = 180°$ (zentraler Einfall), so würde direkt aus dem Energieerhaltungssatz folgen, daß die α-Teilchen mit zunehmender Einfallsenergie näher an den Kernmittelpunkt herankommen (s. auch Gl. (1.9) für r_{min}). Für andere Streuwinkel – wie den in diesem Experiment betrachteten – scheint dies zwar auch plausibel, ergibt sich aber nicht so direkt, da die Teilchengeschwindigkeit im kernnächsten Punkt der Bahnen (Scheitelpunkt der jeweiligen Hyperbel) einen von Null verschiedenen Wert behält. Aus den Gleichungen (1.8) und (1.9) (S. 16) folgt zunächst, daß bei festem Streuwinkel der Stoßparameter b der Teilchenbahnen mit zunehmender Einfallsenergie abnehmen muß. Der Stoßparameter ist gleich dem Abstand des Kernmittelpunkts von den (beiden) Asymptoten der Teilchenbahn (s. Bild 1.7, links, S. 16).

---

[7] Die Daten sind entnommen aus G.F. FARWELL/H.E. WEGNER: Elastic Scattering of Intermediate- Energy Alpha Particles by Gold. Phys. Rev. 93 (1954), 356-357.

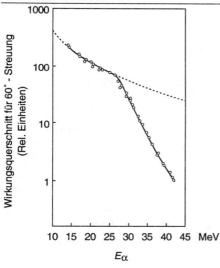

Bild 1.11
Energieabhängigkeit des differentiellen Wirkungsquerschnitts $\frac{d\sigma}{d\Omega}$ für die elastische Streuung von α-Teilchen an Goldkernen bei festem Streuwinkel (HUBER 1972). Die gestrichelte Kurve gibt die nach der RUTHERFORDschen Streuformel berechneten Werte an.

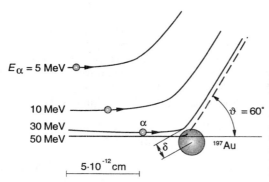

Bild 1.12
Bahnen von α-Teilchen verschiedener Energie, die alle an Goldkernen um 60° gestreut werden. δ bezeichnet die kleinste Distanz zwischen den Mittelpunkten von α-Teilchen und Goldkern (HUBER 1972).

Mit abnehmendem b liegen für festen Winkel zwischen den Asymptoten dann auch die Scheitelpunkte der Hyperbeln näher am Kernmittelpunkt. In Bild 1.12 sind die Bahnen für α-Teilchen verschiedener Energie skizziert, die zu einem Streuwinkel $\vartheta = 60°$ führen. Die im Experiment bei zunehmender Einfallsenergie beobachteten Abweichungen von der RUTHERFORD-Streuung hängen also tatsächlich mit einer stärkeren Annäherung an den Kernmittelpunkt zusammen. Der minimale Abstand der Mittelpunkte von α-Teilchen und Goldkern für eine bestimmte Hyperbelbahn ist in Bild 1.12 mit δ bezeichnet. Mit $E_\alpha = 27$ MeV

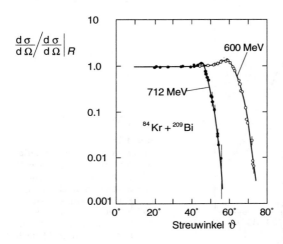

Bild 1.13
Winkelabhängigkeit des differentiellen Wirkungsquerschnitts für die elastische Streuung von Kr-Ionen an Wismut bei zwei verschiedenen Energien (KAMKE 1979). Aufgetragen ist das Verhältnis aus experimentell bestimmten Werten und den aufgrund der RUTHERFORDschen Formel zu erwartenden Werten $\frac{d\sigma}{d\Omega}\big|_R$.

erhält man $\delta = 12{,}6 \cdot 10^{-15}$ m für den kleinsten Abstand in diesem Experiment, bei dem keine Abweichungen von der COULOMBstreuung beobachtet werden.

Der minimale Abstand δ für eine Hyperbelbahn mit Stoßparameter b kann folgendermaßen berechnet werden: Wegen des Drehimpulserhaltungssatzes gilt $m_\alpha v_0 b = m_\alpha v_\delta \delta$, wobei v_δ den Geschwindigkeitsbetrag des α-Teilchens im kernnächsten Punkt und v_0 seine Anfangsgeschwindigkeit bezeichnet. Aus dem Energiesatz erhält man damit unter Verwendung von $b = \frac{r_{\min}(E_\alpha)}{2} \cot \frac{\vartheta}{2}$ (s. Gl. (1.8)) und $r_{\min}(E_\alpha) = \frac{1}{4\pi\epsilon_0} \cdot \frac{2Ze^2}{E_\alpha}$ (s. Gl.(1.9))

$$\delta(E_\alpha, \vartheta) = \frac{r_{\min}(E_\alpha)}{2} \left(1 + \frac{1}{\sin(\vartheta/2)}\right).$$

Damit ergibt sich für $Z = 79$ (Gold), $e = 1{,}6 \cdot 10^{-19}$ C, $\frac{1}{4\pi\epsilon_0} = 9 \cdot 10^9 \frac{\text{N m}^2}{\text{C}^2}$ und $E_\alpha = 27$ MeV zunächst $r_{\min}(27 \text{ MeV}) = 8{,}43 \cdot 10^{-15}$ m und daraus für $\vartheta = 60° \; \delta = 12{,}6 \cdot 10^{-15}$ m.

Hält man nun die Einschußenergie der Teilchen fest, so nimmt der minimale Abstand zwischen den Streupartnern mit wachsendem Streuwinkel ab (vgl. Bild 1.7 rechts, S. 16). Abweichungen von reiner COULOMBstreuung aufgrund stärkerer Annäherung der Teilchen sind bei dieser Untersuchungsmethode also für größere Streuwinkel zu erwarten. Ein Beispiel für die Winkelabhängigkeit des differentiellen Wirkungsquerschnitts für elastische Streuung bei fester Einschußenergie enthielt bereits Bild 1.9 (S. 19). Dort sind jedoch auch bei sehr großen Streuwinkeln keine Abweichungen der experimentell bestimmten

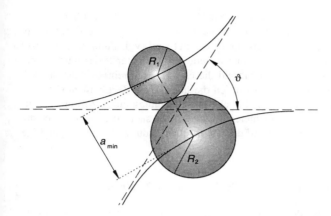

Bild 1.14 Zur Erläuterung der Kernradius-Definition

Werte von den für reine COULOMBstreuung berechneten zu erkennen. Deutlich anders ist dies bei den in Bild 1.13 eingetragenen Ergebnissen für die Streuung von Kr-Ionen an Wismut. Die gemessenen Wirkungsquerschnitte sind auf die RUTHERFORD-Wirkungsquerschnitte normiert, d.h. es ist der Quotient aus experimentell bestimmten und den für reine COULOMBstreuung berechneten Werten aufgetragen[8]. Der Wert 1 auf der vertikalen Skala bedeutet also Übereinstimmung mit der RUTHERFORDstreuung. Je nach Energie der einfallenden Teilchen läßt sich ein bestimmter Streuwinkel angeben, oberhalb dessen die Streuung von der aufgrund der COULOMB-Wechselwirkung zu erwartenden abweicht. Bei der höheren Energie beginnt die Abweichung bereits bei kleineren Streuwinkeln, wie es auch zu erwarten ist, wenn sie in beiden Fällen ab dem gleichen Minimalabstand auftritt.

Das Einsetzen einer Abweichung von der COULOMBstreuung, die sich in den gemessenen differentiellen Wirkungsquerschnitten manifestiert, wird mit dem Wirksamwerden einer weiteren anziehend wirkenden Kraft, der sog. *Kernkraft*, die nur eine geringe und ziemlich genau definierte Reichweite aufweist, erklärt (s. Kap. 2.2.1). *Definiert man als Kernradius* der an der Streuung beteiligten Atomkerne jeweils die Größen R_1 und R_2 (Bild 1.14), deren Summe gleich dem minimalen Abstand der Schwerpunkte der Streupartner ist, wenn die Abweichung einsetzt ($R_1 + R_2 = a_{\min}$), so lassen sich aus den Meßdaten prinzipiell

---

[8] Da hier die gestreuten Teilchen eine relativ große Masse haben, muß der Rückstoß der streuenden Kerne berücksichtigt und die entsprechend modifizierte Streuformel zur Berechnung verwendet werden (vgl. S. 19).

die Kernradien ermitteln[9]. Die Skizze in Bild 1.14 soll zur Verdeutlichung dieser Radiusdefinition beitragen. (Die Streuung wird hier im Schwerpunktsystem betrachtet, so daß zwei Hyperbeln angedeutet sind (vgl. Fußnote 6, S. 19).) Außerhalb einer Kugel mit Radius R_2 um den Mittelpunkt des unten angedeuteten Atomkerns ist das Kraftfeld dieses Kerns ein reines COULOMBfeld. Innerhalb dieser Kugel wird es durch die überlagerte Kernkraft modifiziert. Der hier definierte Kernradius hat also die Bedeutung eines Wirkungsradius der Kernkraft für den betrachteten Atomkern. Er sagt noch nichts über die Verteilung der Kernmaterie und der elektrischen Ladung über das zugehörige Volumen aus.

1.2.2 Elastische Streuung von Elektronen und Neutronen

Die Verhältnisse bei der Streuung von Atomkernen aneinander, bei der sowohl die elektromagnetische Wechselwirkung wie auch die Kernkraft eine Rolle spielen, sind äußerst komplex, und eine detailliertere Analyse der Streuexperimente ist entsprechend kompliziert. Genauere Informationen über Kernradien (und sogar das Kerninnere) erhält man, wenn man als Geschoßteilchen anstelle von Atomkernen Elementarteilchen verwendet. Von besonderem Interesse sind dabei Elektronen und Neutronen, weil sie nur auf jeweils eine der beiden Kräfte reagieren: Neutronen tragen keine elektrische Ladung; auf sie wirkt nur die Kernkraft. Elektronen dagegen unterliegen nicht der Kernkraft; auf sie wirkt nur die elektromagnetische Wechselwirkung.

Die elastische Streuung von (hochenergetischen) Elektronen an Atomkernen ist eines der erfolgreichsten experimentellen Verfahren der Kernphysik und wird deshalb hier ausführlich dargestellt. Wären Elektronen und Atomkerne *punktförmige* und spinlose[10] Teilchen, dann würde die elektrostatische Kraft zwischen ihnen auch für beliebig kleine Abstände dem COULOMBschen Gesetz gehorchen, und die RUTHERFORDsche Streuformel würde die darauf beruhende

---

[9] Ist $R_1 = R_2$ (gleiche Streupartner), so scheint sich das Problem der Radiusbestimmung nach den bisherigen Ausführungen zu vereinfachen, da dann $R_1 = \frac{1}{2}a_{\min}$, wobei $a_{\min}$ wie für das durch Bild 1.11 dargestellte Beispiel berechnet werden kann. Gemäß der Anmerkung auf S. 19 wäre das Streuproblem lediglich im Schwerpunktsystem zu behandeln. Im Falle gleicher Streupartner gilt aber die RUTHERFORDsche Streuformel nicht mehr in der angegebenen Form, da der Detektor nicht zwischen gestreuten, einfallenden Teilchen und streuenden Teilchen, die jetzt ebenfalls registriert werden, unterscheiden kann. Man benötigt eine modifizierte Streuformel, die dies berücksichtigt. Experimentell zeigt sich jedoch, daß die klassische Behandlung der COULOMBstreuung gleichartiger Teilchen nicht zum richtigen Ergebnis führt, sondern daß quantenmechanische Effekte auftreten, die bei der Berechnung des differentiellen Wirkungsquerschnitts berücksichtigt werden müssen.

[10] Bei der Streuung von α-Teilchen an Atomkernen spielte der Spin keine Rolle, da sie die Spinquantenzahl 0 haben. Elektronen dagegen haben die Spinquantenzahl 1/2.

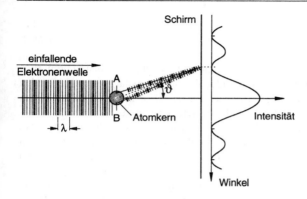

Bild 1.15 Streuung von Elektronenwellen an einem ausgedehnten Atomkern (HESE in BERGMANN/SCHAEFER 1980). Erläuterungen befinden sich im Text

elastische Streuung korrekt beschreiben. Der Einfluß des Spins läßt sich durch eine Abänderung der Streuformel für punktförmige Teilchen berücksichtigen und kann deshalb für die anschließenden prinzipiellen Überlegungen außer acht gelassen werden. Elektronen können tatsächlich als punktförmig angesehen werden. Ein Atomkern dagegen besitzt eine räumlich ausgedehnte Ladungsverteilung. Nun können Elektronen einem Atomkern beliebig nahe kommen – sogar durch ihn „hindurchlaufen" – und die Form seiner Ladungsverteilung wird sich auf die Winkelverteilung der Elektronen durch Abweichungen von der COULOMBstreuung an einer Punktladung auswirken. Bevor experimentelle Ergebnisse angegeben werden, soll überlegt werden, von welcher Art diese Abweichungen sein können.

Denkt man sich das Kernvolumen, über das die Ladung verteilt ist, in viele kleine Volumenelemente zerlegt, so kann man deren zugehörige Ladungen wieder als Punktladungen ansehen. Jedes dieser Raumladungselemente trägt entsprechend der RUTHERFORDschen Streuformel zur Streuung der Elektronen bei. Die resultierende Wirkung der gesamten Ladungsverteilung ergibt sich dann durch Summation (bzw. Integration) über die Beiträge aller Raumladungselemente. Allerdings muß dieses Streuproblem quantenmechanisch behandelt werden. Eine näherungsweise Betrachtung beruht darauf, daß man die einfallenden und die gestreuten Elektronen durch ebene Wellen beschreibt. Da elastische Streuung vorliegt, bleibt die Wellenlänge λ unverändert, nur die Ausbreitungsrichtung der Wellen ändert sich. Von jedem Raumladungselement des Kerns gehen kohärente Streuwellen aus, die interferieren. In Bild 1.15 ist dies für zwei Punkte A und B im Kern und einen Streuwinkel ϑ angedeutet. Der Übersichtlichkeit wegen sind die ebenen Wellen nur durch seitlich begrenzte

Ausschnitte angedeutet, und die einfallende Welle ist nur bis zum Kern hin skizziert, weil man sich nur für die unter Winkeln $\vartheta > 0$ gestreuten Elektronen interessiert.

Die Anzahl der in eine bestimmte Richtung gestreuten Teilchen ist proportional zum Betragsquadrat der Amplitude (also der Intensität) der resultierenden Welle. Da diese durch Interferenz der Einzelwellen zustande kommt, kann man vermuten, daß die differentiellen Streuquerschnitte *Maxima* und *Minima* aufweisen, wie dies für die Intensität rechts in Bild 1.15 angedeutet ist. Aufgrund der Ähnlichkeit mit Beugungsphänomenen in der Wellenoptik kann man annehmen, daß Maxima und Minima bei der Elektronenstreuung dann besonders gut zu erkennen sein sollten, wenn die den Elektronen zugeordnete Wellenlänge kleiner oder gleich der Ausdehnung der Kernladungsverteilung ist. In Kap. 1.2.1 wurde $12,6 \cdot 10^{-15}$ m als kleinster Abstand für reine RUTHER-FORDstreuung zwischen einem Alphateilchen und einem Goldkern angegeben, so daß $\lambda = 3 \cdot 10^{-15}$ m eine günstige Wellenlänge für die Untersuchung der Kernladungsverteilung sein könnte.

Ausgehend von der DE BROGLIE-Beziehung für den Zusammenhang zwischen dem Impuls p eines Teilchens und der Wellenlänge λ der zugeordneten Materiewelle

$$p = \frac{h}{\lambda} \quad (h = 6,63 \cdot 10^{-34} \, \text{J s})$$

kann die benötigte Elektronenenergie abgeschätzt werden. Für den Impuls der Elektronen ergibt sich zunächst

$$p = \frac{6,63 \cdot 10^{-34} \, \text{J s}}{3 \cdot 10^{-15} \, \text{m}} = 2,21 \cdot 10^{-19} \, \frac{\text{J s}}{\text{m}}$$

oder mit $1 \text{J} = (1,6 \cdot 10^{-19})^{-1}$ eV in der hier praktischeren Einheit eV·s/m

$$p = 1,38 \, \frac{\text{eV} \cdot \text{s}}{\text{m}}.$$

Die kinetische Energie E_{kin} der Teilchen muß relativistisch berechnet werden. Ein Teilchen der Ruhmasse m mit Impuls p hat die Gesamtenergie

$$E = \sqrt{(pc)^2 + (mc^2)^2},$$

wobei $c = 3 \cdot 10^8$ m/s die Lichtgeschwindigkeit ist. Die kinetische Energie erhält man daraus durch Subtraktion der Ruhenergie:

$$E_{\text{kin}} = \sqrt{(pc)^2 + (mc^2)^2} - mc^2.$$

Da die Ruhenergie eines Elektrons nur rund 0,5 MeV, pc im betrachteten Fall dagegen rund 400 MeV beträgt, kann die Ruhenergie vernachlässigt werden, und es wird

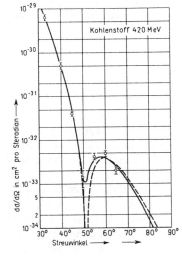

Bild 1.16
Winkelverteilung elastisch gestreuter Elektronen an Kohlenstoff bei 420 MeV kinetischer Energie (MAYER-KUCKUK 1984 (nach HOFSTADTER 1957))

$$E_{\text{kin}} \approx E \approx pc = 414 \text{ MeV}.$$

In Bild 1.16 ist zu erkennen, daß die Winkelverteilung von an Kohlenstoff elastisch gestreuten Elektronen mit 420 MeV tatsächlich je eines der vermuteten (Neben-)Maxima und Minima aufweist. Im dargestellten Ausschnitt sinkt der differentielle Wirkungsquerschnitt bis zum Minimum um 4 Zehnerpotenzen ab! Bei höheren Energien und schweren Atomkernen treten auch mehrere Minima auf. Typisch ist, daß die gemessene Intensität in den Minima nicht auf Null zurückgeht, sondern die Winkelverteilungen lediglich eine mehr oder weniger stark ausgeprägte Welligkeit zeigen. Dies liegt nicht – wie man vielleicht vermuten könnte – an unzureichender Meßgenauigkeit. Die Genauigkeit beim Nachweis der gestreuten Elektronen ist sehr groß, trotz der vielen Größenordnungen, über die die Intensität variiert.

Wie kann man daraus nun die gewünschten Informationen erhalten? Die Skizze in Bild 1.15 und das beschriebene Verfahren der kohärenten Überlagerung der Streuwellen legen den Vergleich mit der Beugung elektromagnetischer Wellen an einem „Hindernis" nahe. Man könnte somit annehmen, wie im Fall der optischen Beugung aus der Lage des ersten Minimums direkt die Größe des „Hindernisses" bestimmen zu können. Im vorliegenden Fall sind die Verhältnisse jedoch komplizierter. Sowohl die Ausprägung wie auch die Lage der Minima und Maxima werden (bei fester Wellenlänge) nicht nur von der Größe des Kernladungsvolumens abhängen, sondern auch davon, *wie* die Kernladung tatsächlich darauf verteilt ist.

Die recht komplizierte Berechnung des differentiellen Wirkungsquerschnitts
für die elastische Elektronenstreuung an einem Atomkern mit ausgedehnter,
kugelsymmetrischer Ladungsverteilung ergibt

$$\left(\frac{d\sigma}{d\Omega}\right)_{\text{Kern}} = \left(\frac{d\sigma}{d\Omega}\right)_{\text{Punktladung}} \cdot |F|^2.$$

Dabei ist $\left(\frac{d\sigma}{d\Omega}\right)_{\text{Punktladung}}$ der bekannte Wirkungsquerschnitt für die Streuung
an einer Punktladung $Z \cdot e$ im Mittelpunkt des Kerns und F der sogenann-
te Formfaktor. Der Formfaktor hängt außer vom Streuwinkel vom bekannten
Impuls der Elektronen ab und beschreibt den gesamten Einfluß der Kernladungsverteilung auf den differentiellen Wirkungsquerschnitt, ist also speziell
für die Lage der Minima verantwortlich. Experimentell kann $|F|^2$ leicht durch
Vergleich des gemessenen Streuquerschnitts mit dem für eine Punktladung berechneten ermittelt werden. Da die gesuchte Ladungsdichteverteilung $\rho(r)$ aber
in recht komplizierter Weise in den Formfaktor eingeht, kann sie leider daraus
nicht direkt berechnet werden. Um sie zu erhalten, muß quasi der umgekehrte
Weg beschritten werden, d.h. man nimmt eine Ladungsdichteverteilung an, berechnet den Formfaktor und vergleicht ihn mit dem experimentell erhaltenen.
(Für eine Punktladung im Kernmittelpunkt ist – wie anzunehmen – für alle
Streuwinkel $|F| = 1$.)

Die Ladungsdichteverteilung einer homogen geladenen Kugel vom Radius
R

$$\rho(r) = \begin{cases} \rho_0 & r \leq R \\ 0 & r > R \end{cases}$$

führt schon auf einen recht komplizierten Ausdruck für F. Aus seiner ersten
Nullstelle läßt sich R mit

$$\sin \vartheta_{\min} = \frac{4{,}493}{4\pi} \cdot \frac{\lambda}{R}$$

berechnen. Mit den Daten aus Bild 1.16 ($E = 420$ MeV, $\vartheta_{\min} = 51°$) erhält
man für den Radius der Ladungsverteilung des Kohlenstoffkerns

$$R_{\text{C}} = 2{,}5 \cdot 10^{-15} \text{ m}.$$

Andere Verfahren ergeben, daß dieser Wert durchaus als gute Näherung angesehen werden kann. Nun liegt jedoch in Bild 1.16 bei $\vartheta_{\min} = 51°$ keine Nullstelle,
sondern lediglich ein Minimum der Streuwahrscheinlichkeit vor. Dies deutet
schon darauf hin, daß eine homogen geladene Kugel sicher nur eine grobe
Näherung für die Verteilung der Kernladung darstellt. Bessere Übereinstim-
mungen zwischen berechneten und gemessenen Wirkungsquerschnitten lassen

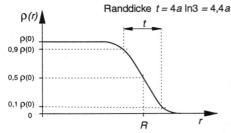

Bild 1.17
FERMI-Verteilung für die elektrische
Ladungsdichte im Atomkern (nach
KAMKE 1979)

sich erzielen, wenn man annimmt, daß die Ladungsdichte nicht abrupt bei einem bestimmten Radius auf Null absinkt, sondern zum Rand hin allmählich abfällt. Die Ladungsdichteverteilung enthält dann außer einem Radius R noch einen oder weitere Parameter, die z.B. mit der Randdicke zusammenhängen. Eine häufig verwendete Form der Ladungsdichteverteilung ist die sogenannte FERMI-Verteilung mit

$$\rho(r) = \frac{\rho(0)}{1 + e^{\frac{r-R}{a}}},$$

die in Bild 1.17 skizziert ist. R ist dabei die Entfernung vom Mittelpunkt des Atomkerns, bei der die Ladungsdichte auf die Hälfte des Wertes $\rho(0)$ abgesunken ist und kann näherungsweise als Radius angesehen werden. (Die Bedeutung des Parameters a kann aus der Skizze entnommen werden.) Durch Variation der beiden Parameter R und a versucht man, diejenige dieser Ladungsverteilungen zu finden, deren Formfaktor zur bestmöglichen Übereinstimmung mit den experimentell ermittelten Daten führt. (Die in Bild 1.16 eingezeichneten Kurven für den differentiellen Wirkungsquerschnitt sind, ausgehend von Annahmen über die Ladungsdichteverteilung, theoretisch berechnet und an die Meßdaten angepaßt worden.)

Bild 1.18 zeigt die durch ähnliche Analysen ermittelten Ladungsdichteverteilungen einiger Atomkerne. Es sind die Ergebnisse von frühen Elektronenstreuexperimenten des amerikanischen Physikers HOFSTADTER, der die Methode der Elektronenstreuung bei hohen Energien entwickelte und 1961 dafür mit dem Nobel-Preis ausgezeichnet wurde. Bei den meisten Ladungsdichteverteilungen schließt sich an ein Plateau im Innern eine Randzone mit langsam abfallender Ladungsdichte an. Andeutungsweise erkennt man aber auch, daß dieser Verlauf nicht für alle Atomkerne typisch ist, denn die Kurven für Kohlenstoff und Sauerstoff sinken zum Mittelpunkt hin ab. Auffällig ist ferner vor allem, daß mit Ausnahme der ganz leichten Kerne die Ladungsdichte im Innern fast aller

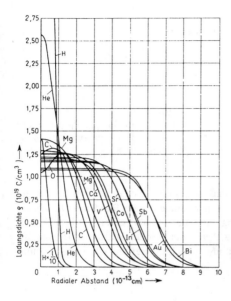

Bild 1.18
Ladungsdichteverteilungen für verschiedene Atomkerne (MAYER-KUCKUK 1984 (nach HOFSTADTER 1957))

Kerne *nahezu den gleichen Wert* hat und auch die Randbereiche etwa die gleiche Ausdehnung aufweisen. Auf dieses bemerkenswerte Ergebnis wird später (Kap. 2) noch ausführlich eingegangen.

Die Streuung hochenergetischer Elektronen liefert somit nicht nur sehr genaue Auskünfte über die Ausdehnung der Kernladung, sondern – weit darüber hinausgehend – auch Informationen über deren Verteilung auf das Innere der Atomkerne. Zu beachten ist, daß die Ergebnisse der hier skizzierten Auswertungsverfahren stets *modellabhängig* sind, da *vorab* eine prinzipielle (analytische) Form der Ladungsdichteverteilung angenommen werden muß. Heutzutage ermöglichen Großrechner und geeignete numerische Verfahren, auf solche Vorab-Annahmen zu verzichten und sogenannte modellunabhängige Ladungsverteilungen zu berechnen. Die hier beschriebenen Auswertungsverfahren und ihre Ergebnisse bleiben aber trotzdem grundsätzlich wichtig.

Auch bei elastischer Streuung von Neutronen an Atomkernen treten bei geeigneter Energie der Neutronen Minima und Maxima im differentiellen Wirkungsquerschnitt auf (s. Bild 1.19). Obwohl im vorliegenden Text Eigenschaften der Neutronen bisher noch nicht diskutiert wurden und über die Kernkraft nur die Tatsache ihrer kurzen Reichweite bekannt ist, läßt sich mit wenigen Zusatzinformationen darüber die Neutronenstreuung in erster Näherung viel einfacher als die Elektronenstreuung behandeln. Die Kernkraft ist sehr viel stärker als die COULOMBkraft. Vereinfachend kann man annehmen, daß alle

Neutronen, die auf einen Atomkern treffen, von diesem absorbiert werden. Sie bleiben im Kern oder lösen weitere Reaktionen aus (s. Kap. 5) und gehen so für die elastische Streuung verloren. Wenn man also die Neutronenstreuung unter dem Wellenaspekt betrachtet, so liegen hier analoge Verhältnisse vor wie bei Licht, das an einer undurchlässigen Kreisscheibe gebeugt wird. (Eine total absorbierende Kugel hat die gleiche Wirkung wie eine Scheibe vom gleichen Radius.) Im Fall ebener Wellen (FRAUNHOFER-Beugung; entspricht Beobachtung in großer Entfernung von der beugenden Scheibe) liefert die Wellenoptik die Beziehung

$$\sin \vartheta_{min} = 0{,}61 \frac{\lambda}{R}$$

für den Winkel unter dem das erste Minimum bei der Beugung an einer undurchlässigen Scheibe vom Radius R erscheint.

Anhand der Daten aus Bild 1.19 kann mit dieser optischen Analogie der Radius des „Beugungsscheibchens Atomkern" für die Neutronenstreuung abgeschätzt werden, wozu allerdings ein Vorgriff auf Kap. 2 benötigt wird: Neutronen besitzen eine Ruhenergie von 939,6 MeV. Somit kann hier die zugehörige Wellenlänge nichtrelativistisch berechnet werden, wobei anstelle der Ruhmasse günstiger die Ruhenergie verwendet wird. Aus

$$p = \frac{h}{\lambda} = m_n v$$

folgt

$$p^2 = m_n^2 v^2 = 2 m_n E_{kin}$$

und

$$\lambda = \frac{h}{\sqrt{2 m_n E_{kin}}} = \frac{hc}{\sqrt{2 m_n c^2 \, E_{kin}}}.$$

Verwendet man die Konstanten vom Anfang dieses Kapitels (s. S. 31) und die Umrechnung von Js in eVs für h, so erhält man für $E = 14{,}5$ MeV die Wellenlänge

$$\lambda = 7{,}53 \cdot 10^{-15} \text{ m}.$$

Bei der Streuung an Blei (Pb) tritt das erste Minimum unter ca. 26° auf, und als Abschätzung für den „Neutronenbeugungsradius" des Bleikerns ergibt sich daraus schließlich

$$R = 10{,}5 \cdot 10^{-15} \text{ m}.$$

Im Sinne der optischen Analogie sollte dieser Wert die Größe des Bereichs um den Kernmittelpunkt angeben, der undurchlässig für Neutronen ist. Weil die Neutronen absorbiert werden, die in den Wirkungsbereich der Kernkraft eindringen und dieser Bereich sicherlich größer als die Ausdehnung des Kerns ist, kann man vermuten, daß man mit dieser einfachen Methode eine obere Grenze der Kernradien abschätzt. Tatsächlich ist der Radius des Bleikerns etwa $3 \cdot 10^{-15}$ m kleiner als der oben berechnete Wert.

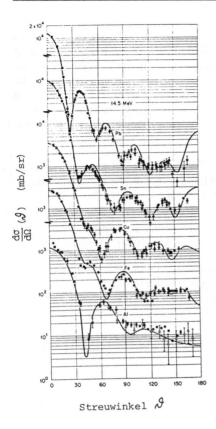

Streuwinkel ϑ

Bild 1.19
Winkelverteilung für die elastische
Streuung von Neutronen mit 14,5 MeV
kinetischer Energie an verschiedenen
Atomkernen (PEREY/BUCK 1962). Die
Kurven sind aufgrund bestimmter Annahmen über die auf die Neutronen
wirkende Kraft berechnet, auf die hier
nicht weiter eingegangen wird. (1 b =
1 Barn = 10^{-28} m^2 ist die in der Kernphysik häufig benutzte Flächeneinheit,
die aber nach den DIN-Empfehlungen
heute nicht mehr verwendet werden
sollte.)

Die in Bild 1.19 eingetragenen Meßwerte lassen aber bereits erkennen, daß
die für diese Abschätzung zugrunde gelegte Analogie zur optischen Beugung
sicher nicht völlig zutreffend ist. Ein Anhaltspunkt dafür ist auch hier, daß
die Intensität in den Minima nicht auf Null zurückgeht. Im Falle von Cu und
Fe sind die ersten Minima sogar kaum als solche zu erkennen. (Die theoretisch berechneten Kurven weisen dort lediglich eine Krümmungsänderung
auf.) Tatsächlich ist der Atomkern für Neutronen *nicht* total absorbierend, sondern teilweise durchlässig, und er ist auch hinsichtlich der Wechselwirkung mit
ihnen nicht so scharf begrenzt wie die Beugungsscheibe für Licht. Eine zutreffende Tendenz ist an den oberen drei Messungen des Bildes 1.19 trotzdem
einfach abzulesen: Der Winkel des ersten Minimums für die Meßwerte nimmt
von oben nach unten zu, während die Masse der untersuchten Atomkerne klei-

ner wird. Nach unserer Überlegung nimmt also in diesen Fällen der Radius mit kleiner werdender Masse ab.

Berücksichtigt man die teilweise Durchlässigkeit der Atomkerne für Neutronen und führt ähnliche, detaillierte Analysen durch wie im Fall der elastischen Elektronenstreuung, dann erhält man auch aus der Neutronenstreuung Informationen über das Kerninnere. Diese Informationen sind physikalisch zunächst von grundsätzlich anderer Art als die durch Elektronenstreuung gewonnenen: Während dort die Verteilung der elektrischen Ladung des Kerns und ein entsprechender „Ladungsradius" ermittelt werden, geben Neutronenstreuexperimente Aufschluß über die Kernkraft im und um den Kern herum und über die Verteilung der Materie, an die die Kernkraft gebunden ist. Welche Zusammenhänge zwischen den Ergebnissen beider Untersuchungsmethoden bestehen, muß erst noch durch Vergleiche geklärt werden. Bevor deren Ergebnis in einer Zusammenfassung angegeben wird (Kap. 1.2.4), wird zunächst noch ein ganz anders geartetes Verfahren zur Bestimmung von Kernradien vorgestellt.

1.2.3 Untersuchungen myonischer Atome

Die Eigenschaften der Atomhülle können unter der Annahme eines punktförmigen Atomkerns recht gut beschrieben werden. Hochpräzise spektroskopische Untersuchungen lassen jedoch geringe Energieniveauverschiebungen erkennen, die auf der endlichen Ausdehnung der Atomkerne beruhen. Der Einfluß dieser Ausdehnung macht sich erwartungsgemäß vor allem dann bemerkbar, wenn das Hüllenelektron eine hohe Aufenthaltswahrscheinlichkeit am oder im Kern hat. Dies ist für die beiden Elektronen der K-Schale der Fall. In noch stärkerem Maße trifft es für ein *Myon* zu, falls ein solches Teilchen sich anstelle eines Elektrons in der Atomhülle befindet.

Das Myon ist ein instabiles Elementarteilchen, das wie das Elektron eine negative Elementarladung trägt und dessen Masse 207mal so groß ist wie die des Elektrons. Es ist dem Elektron so ähnlich, daß wir sagen können, das Myon ist eine „massive Ausgabe" des Elektrons. Myonen treten als Sekundärprodukte der kosmischen Strahlung auf; für die hier betrachteten Experimente muß man sie jedoch in Teilchenbeschleunigern künstlich erzeugen.

Die bei hohen Energien erzeugten Myonen werden in Materie abgebremst und schließlich von einem Atom eingefangen. Sie haben ihr eigenes Termschema im COULOMBfeld des Atomkerns. Ein eingefangenes Myon springt stufenweise in immer tiefer liegende Energiezustände und landet schließlich in einer eigenen K-Schale. Wegen der rund 200mal größeren Masse beträgt sein BOHRscher Radius nur $\frac{1}{200}$ des Radius eines Elektrons in der K-Schale.

Bei schweren Kernen liegt der Bahndurchmesser der niedrigsten BOHRschen

Bahn in derselben Größenordnung wie der Kerndurchmesser. Das heißt mit anderen Worten, daß sich das Myon – solange es „lebt" – praktisch schon im Kern aufhält.

Das Myon kann dort eine Weile existieren, weil es, wie das Elektron, der Kernkraft – bzw. der starken Wechselwirkung, s. Fußnote 7 S. 54 in Kap. 2.2.1 – nicht unterliegt. Es gibt aber neben der Schwerkraft, der elektromagnetischen und der starken Kraft noch eine vierte Kraft in der Natur: die sog. schwache Kraft oder schwache Wechselwirkung. Auf sie kommen wir bei der Besprechung einer bestimmten Art des radioaktiven Zerfalls, des sog. Betazerfalls, noch zurück (Kap. 4.4). Durch schwache Wechselwirkung mit einem Proton im Atomkern wird das Myon schließlich vernichtet, sofern es diesem Schicksal nicht schon durch Zerfall (instabiles Teilchen mit einer Lebensdauer von 2 μs (s. radioaktiver Zerfall, Kap. 4.3)) zuvorgekommen ist.

Man kann nun einerseits durch Lösen der SCHRÖDINGER-Gleichung das Termschema und die Übergangsenergien eines myonischen Atoms unter der Annahme eines punktförmigen Atomkerns berechnen. Andererseits gelingt es durch spektroskopische Beobachtungen, die Myonen auf ihrem Weg durch die Energiezustände hinab in die K-Schale bis zu ihrem Lebensende zu verfolgen, um daraus das tatsächliche Termschema zu rekonstruieren. Aus den Differenzen, die der endlichen Kernausdehnung zuzuschreiben sind, wird der Ladungsradius des Atomkerns ermittelt. Wegen der Kernnähe der inneren Bahnen sind die Verschiebungen der tieferen Energieniveaus beachtlich. Im Falle einer punktförmigen Kernladung wären für einen bestimmten Niveauübergang im myonischen ^{206}Pb-Atom 16 MeV zu erwarten. Gemessen werden aber nur rund 6 MeV. Nimmt man den Kern als homogen geladene Kugel an, ergibt sich daraus ein Ladungsradius von $7 \cdot 10^{-15}$ m (BACKENSTOSS 1967).

1.2.4   Zusammenfassung: Kernradius und Massenzahl

In den Kapiteln 1.2.1 bis 1.2.3 dürfte deutlich geworden sein, daß man sich darüber verständigen muß, was eigentlich gemeint ist, wenn von einem Kernradius die Rede ist. So ist sicher zwischen einem Ladungsradius und einem Kernkraftradius zu unterscheiden. Da die Ladungsdichte zum Kernrand hin nicht abrupt abfällt, ist zunächst auch nicht einmal eindeutig, was der Ladungsradius sein soll. Dies festzulegen, ist notwendig, wenn man Daten vergleichen will. Zwei der oft verwendeten Radiusdefinitionen traten in Kap. 1.2.2 und 1.2.3 auf, nämlich der Radius einer homogen geladenen Kugel (mit gleicher Gesamtladung und gleicher Wirkung wie der Atomkern) und der „Halbwertsradius" der Ladungsverteilung (Bild 1.17, S. 33). Am wichtigsten ist wohl der über die

Ladungsverteilung gemittelte quadratische Radius. Da hier aber nicht einzelne Daten verglichen werden sollen, können wir auf weitere Details verzichten.

Je nach Experimentier- und Auswertemethode erhält man unterschiedliche Werte für die Kernradien. Experimente, bei denen das Kernkraftfeld abgetastet wird, liefern in der Regel größere Werte als die ladungssensitiven Verfahren, die einen elektromagnetischen Radius (hier bisher „Ladungsradius" genannt) bestimmen. Über die Menge der Daten mittelnd, kann man trotzdem näherungsweise sagen, daß die Kernladung über den Wirkungsbereich der Kernkraft etwa gleichmäßig verteilt ist.

Außer den einzelnen Radien der verschiedenen Atomkerne interessiert auch, ob es einen systematischen Zusammenhang zwischen der Ausdehnung der Atomkerne und anderen, charakteristischen Größen gibt. Ein entsprechendes Resumee der Forschungsergebnisse zur Größe der Atomkerne läßt sich unter Vorgriff auf Kap. 2.1 mit Hilfe des Begriffs der Massenzahl ziehen. Jeder Atomkern besteht aus Protonen und (abgesehen vom Kern des leichten Wasserstoffatoms) Neutronen. Unter der Massenzahl A versteht man die Summe der Anzahl N der Neutronen und der Anzahl Z der Protonen eines Atomkerns:

$$A = N + Z.$$

Die Ergebnisse aller Verfahren zur Bestimmung von Atomkernradien stimmen dahingehend überein, daß die Kernradien näherungsweise proportional zu $A^{1/3}$ sind, sofern etwa $A > 20$ ist. Dies ist allerdings keine strenge Gesetzmäßigkeit, und der Wert des Proportionalitätsfaktors schwankt je nach Experimentier- und Auswertemethode und auch abhängig von der Massenzahl zwischen $1{,}0 \cdot 10^{-15}$ m und $1{,}4 \cdot 10^{-15}$m. Für die leichtesten Atomkerne gilt dieser Zusammenhang nicht. Zusammenfassend kann man also festhalten, daß sich die Radien der Atomkerne für $A > 20$ von kleineren Schwankungen abgesehen durch

$$(1.14) \qquad R = R_0 \cdot A^{1/3} \quad \text{mit} \quad R_0 \approx 1{,}2 \cdot 10^{-15} \text{ m}$$

abschätzen lassen.

Aufgabe 1.1 *Bestimmen Sie aus Bild 1.18 unter Zugrundelegung einer Fermi-Verteilung für die elektrische Ladungsdichte (Bild 1.17) die Radien der Atomkerne von* Au *($A = 197$),* In *($A = 115$),* Co *($A = 59$) und* Ca *($A = 40$). Überprüfen Sie graphisch die Beziehung (1.11) zwischen R und A und ermitteln Sie aus der Graphik R_0.*

1.3 Masse und Dichte

1.3.1 Massenbestimmung

Experimentell ermittelt man die Massen der Atomkerne nicht direkt, sondern aus den Atommassen sowie der Masse der Elektronen und der Bindungsenergie der Atomhülle. Die Atommassen werden in einem sogenannten Massenspektrometer bestimmt. Bevor wir ein modernes Beispiel eines solchen Apparates vorstellen, wird kurz auf prinzipielle Ideen eingegangen, die der Massenbestimmung zugrunde liegen und die nicht nur auf Atome (resp. Ionen), sondern auch auf viele Elementarteilchen anwendbar sind. Die zu bestimmende Masse wird letztlich stets auf andere Meßgrößen zurückgeführt, so daß in diesem Zusammenhang quasi nebenbei Meßverfahren für eine ganze Reihe wichtiger Größen von Mikroteilchen in ihren Grundzügen beschrieben werden. Das Massenspektrometer kann dann als Gerät aufgefaßt werden, in dem allgemeiner verwendbare Verfahren in spezieller Weise kombiniert sind.

Der Impuls eines Teilchens beträgt $p = mv$. Es ist also prinzipiell möglich, die Masse eines Teilchens durch Messung des Impulses p und der Geschwindigkeit v zu bestimmen. Wie mißt man Impulse und Geschwindigkeiten von Mikroteilchen? Elektrische und magnetische Felder beeinflussen die Bewegung geladener Teilchen in Abhängigkeit von deren Impuls und/oder Geschwindigkeit. Dies kann ausgenutzt werden, um die gesuchten Größen zu ermitteln und auch, um Teilchen nach ihrem Impuls und ihrer Geschwindigkeit – und letztlich ihrer Masse – zu sortieren. Da elektrische und magnetische Felder über die elektrische Ladung Kräfte auf die Teilchen ausüben, müssen Atome hierzu in ionisierter Form vorliegen.

Impulsmessung und Impulsselektion

Der Impuls geladener Teilchen wird in einem homogenen Magnetfeld gemessen. Teilchen mit der Ladung Q und der Geschwindigkeit $\vec{v}$ erfahren in einem Magnetfeld mit der Flußdichte $\vec{B}$ die LORENTZkraft

$$\vec{F} = Q(\vec{v} \times \vec{B}).$$

Bewegen sich die Ionen senkrecht zu den Feldlinien ($\vec{v} \perp \vec{B}$), so werden sie auf Kreisbahnen mit dem Radius r gezwungen. Die LORENTZkraft liefert die für eine Kreisbahn benötigte Zentripetalkraft

$$Q\,v\,B = \frac{mv^2}{r}$$

für geladene Teilchen der relativistischen Masse

$$m = \frac{m_0}{\sqrt{1 - (\frac{v}{c})^2}}.$$

m_0: Ruhmasse
c: Vakuumlichtgeschwindigkeit

(Bei Ionen kann nichtrelativistisch gerechnet werden.) Daraus erhält man eine Proportionalität zwischen dem Betrag des (relativistischen) Impulses der Teilchen und dem Krümmungsradius r ihrer Bahn:

(1.15) $$mv = QBr.$$

Bei bekannter Ladung Q kann daraus der Impuls nach Ermittlung des Krümmungsradius berechnet werden. Kennt man bereits die Geschwindigkeit (oder die Energie) der Teilchen, so folgt auch deren Masse.

> In vielen Fällen – z.B. bei der Analyse von Kernreaktionen – kennt man „umgekehrt" die Ruhmasse der Teilchen und möchte deren kinetische Energie wissen. Diese läßt sich durch eine Impulsmessung der beschriebenen Art aus $E^2 = (pc)^2 + (m_0 c^2)^2$ und $E_{kin} = E - m_0 c^2$ bestimmen.

Gl. (1.15) bedeutet, daß sich bei gleicher Ladung Q alle Teilchen mit gleichem Impulsbetrag $p = mv$ auf Bahnen mit gleichem Krümmungsradius bewegen, Teilchen mit verschiedenem Impulsbetrag dagegen auf Bahnen mit unterschiedlichem Krümmungsradius. Dies läßt sich ausnutzen, um Teilchen unterschiedlicher Impulsbeträge räumlich zu trennen und die mit gleichem Impulsbetrag an einem Ort zusammenzuführen. Bei der Analyse von Ionen entstammen die Teilchen einer nahezu punktförmigen Quelle. Sie werden in einen bestimmten Raumwinkel emittiert und erreichen unter verschiedenen Winkeln das Magnetfeld, so daß ihre Bahnen im Magnetfeld bei gleichem Impulsbetrag nicht zusammenfallen. Bei geeignet geformtem Querschnitt des durchlaufenen Magnetfeldes kann aber erreicht werden, daß die Teilchen gleichen Impulsbetrages, die von einem Punkt unter verschiedenen Winkeln ausgehen und senkrecht zu $\vec{B}$ in das homogene Magnetfeld eintreten, nach Austritt aus dem Magnetfeld wieder in einem Punkt zusammentreffen (Bild 1.20). Das Magnetfeld bewirkt neben der bloßen Ablenkung auch eine *Richtungsfokussierung*. Quelle und Detektor entsprechen Gegenstandspunkt und Bildpunkt bei einer optischen Abbildung.

Geschwindigkeitsmessung und -selektion

Um die für die Massenanalyse benötigte Geschwindigkeit zu erhalten, kann man den ursprünglichen Teilchenstrahl gezielt so präparieren, daß nur Teilchen

Bild 1.20
Richtungsfokussierung durch ein homogenes Magnetfeld (WEIDNER/SELLS 1982)

mit einem bestimmten – und dann bekannten – Wert der Geschwindigkeit zur Impulsanalyse in das oben beschriebene Magnetfeld eintreten. Diese Geschwindigkeitsselektion läßt sich durch Überlagerung eines homogenen elektrischen Feldes und eines homogenen magnetischen Feldes erreichen. Tritt ein Strahl geladener Teilchen in diesen Raumbereich ein, dann wirken auf jedes Teilchen der Ladung Q und der Geschwindigkeit $\vec{v}$ zwei Kräfte: die elektrische Kraft $\vec{F_1} = Q\,\vec{E}$ und die LORENTZkraft $\vec{F_2} = Q(\vec{v} \times \vec{B})$. Stehen $\vec{E}$ und $\vec{B}$ aufeinander senkrecht und fallen die Teilchen senkrecht zu $\vec{B}$ und $\vec{E}$ ein, so wirken bei geeigneter Polung der Felder elektrische und magnetische Kraft in entgegengesetzten Richtungen auf die Teilchen der Ladung $\vec{Q}$. Dies ist z.B. in Bild 1.21 der Fall.

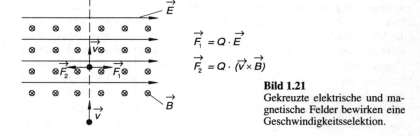

$$\vec{F_1} = Q \cdot \vec{E}$$

$$\vec{F_2} = Q \cdot (\vec{v} \times \vec{B})$$

Bild 1.21
Gekreuzte elektrische und magnetische Felder bewirken eine Geschwindigkeitsselektion.

Die Beträge von $\vec{E}$ und $\vec{B}$ lassen sich dann so wählen, daß die resultierende Kraft bei gegebener Ladung Q für einen bestimmten Geschwindigkeitswert v verschwindet. In diesem Fall ist

$$Q\,E = Q\,v\,B$$

und somit

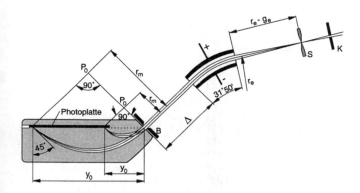

Bild 1.22 Massenspektrograph nach MATTAUCH-HERZOG (BIERI/EVERLING/MAT-TAUCH 1955). Das elektrische Feld dieser Anordnung ist ein Radialfeld. Die Abmessungen und die Felder sind so gewählt, daß alle Teilchen gleicher Masse – unabhängig von ihrer Geschwindigkeit – auf eine gemeinsame Linie der Photoplatte fokussiert werden.

$$(1.16) \qquad\qquad v = \frac{E}{B}.$$

Die gekreuzten Felder verlassen ohne Ablenkung nach rechts oder links nur diejenigen Teilchen, deren Geschwindigkeit gerade gleich dem Quotienten E/B ist. Alle Teilchen mit der Geschwindigkeit $v = E/B$ passieren diesen „Geschwindigkeitsfilter" unbeeinflußt, unabhängig davon, wie groß ihre Masse m und ihre Ladung Q sind und welches Vorzeichen Q hat.

Massenselektion/Massenspektrometer

Schickt man anschließend die unbeeinflußt gebliebenen Teilchen durch ein Magnetfeld wie in Bild 1.20, dann werden sie der Masse (bzw. dem Verhältnis m/Q) nach sortiert. Die Kombination der beschriebenen Feldanordnungen wirkt als Massenspektrometer. Allerdings werden für die Massenanalyse meist andere Anordnungen als diese einfach überschaubare Kombination homogener Felder verwendet (s. Bild 1.22). Moderne Präzisionsapparate erreichen Massenauflösungen $\frac{m}{\Delta m}$ von der Größenordnung 10^5.

Alle Massenspektrometer, so sehr sie sich auch in ihren Einzelheiten unterscheiden mögen, besitzen ein elektrisches Feld und ein Magnetfeld. Entweder wirken beide Felder gleichzeitig auf die geladenen Masseteilchen (in einer geeigneten Quelle erzeugte Ionen) oder nacheinander. Die Registrierung der nach

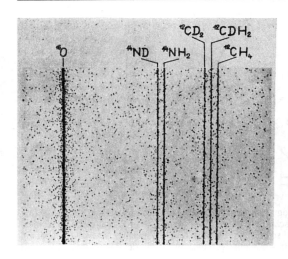

Bild 1.23
Massenspektrum von ^{16}O
und einigen Molekülen
mit der Massenzahl $A =$
16. Die relative Auflösung
beträgt $\frac{m}{\Delta m} = 82\,000$
(BIERI/EVERLING/MAT-
TAUCH 1955).

ihrer Masse selektierten Ionen geschieht entweder mit einer Photoplatte (Massenspektrograph) oder mit einem Teilchendetektor. Im ersteren Fall treffen die Ionen unterschiedlicher Masse an verschiedenen Orten auf der Fotoplatte auf. Bei Verwendung eines Detektors wird entweder dessen Position sukzessive verändert oder die magnetische Flußdichte bei fester Detektorposition variiert. Gemessen wird dabei jeweils der Detektorstrom; verschiedene Positionen bzw. Flußdichten entsprechen verschiedenen Massen. In Bild 1.23 ist ein typisches Massenspektrum dargestellt, das mit dem in Bild 1.22 gezeigten Präzisions-Massenspektrographen nach MATTAUCH und HERZOG aufgezeichnet wurde[11].

1.3.2 Dichte der Kernmaterie

Die Masse von Atomen und Atomkernen wird häufig in Vielfachen einer eigens definierten *atomaren Masseneinheit* u angegeben, die festgelegt ist als 1/12 der Masse des neutralen Atoms des Kohlenstoffisotops $^{12}_{6}$C (zur Nomenklatur und dem Begriff des Isotops s. Kap. 2.1). Es gilt

$$1\,\text{u} = 1{,}6606 \cdot 10^{-27}\ \text{kg}.$$

---

[11] Literaturhinweis: DEGER/LUCHNER/SCHILLING: Mechanisches Funktionsmodell eines geschwindigkeitsfokussierenden Massenspektrographen. MNU 40 (1987) Heft 1, 34–38. In dem Aufsatz wird das in seinem Titel genannte, für Unterrichtszwecke entworfene Funktionsmodell vorgestellt und ausführlich diskutiert.

Für die Masse m_a eines Atoms gilt in erster Näherung $m_a = A \cdot 1$ u (vgl. S. 52), wobei A die (ganzzahlige) Massenzahl ist. Da die Masse der Elektronenhülle im Vergleich zur Atommasse sehr klein ist ($m_e = 9,1 \cdot 10^{-31}$ kg, s. Tab. 2.1, S. 50), gilt diese Beziehung näherungsweise auch für die Kernmassen.

Bevor anschließend genauere Vorstellungen vom Aufbau der Atomkerne entwickelt werden und dabei auch einige im Vorgriff verwendete Begriffe detaillierter erklärt werden, sollen die bisherigen Ergebnisse noch verwendet werden, um die *Dichte* der Kernmaterie abzuschätzen. Dazu nehmen wir an, daß Atomkerne kugelförmige Gebilde sind, deren Radius R sich nach Gl. (1.14) (S. 39) mit der Massenzahl A gemäß

$$R = R_0 A^{1/3}$$

ändert. (Dies galt für Atomkerne mit $A \geq 20$.) Das Volumen einer Kugel mit dem Radius R beträgt

$$V = \frac{4}{3}\pi R^3.$$

Mit der obigen Radius-Massenzahl-Beziehung erhalten wir für den Kern

$$(1.17) \qquad V_{\text{Kern}} = \frac{4}{3}\pi R_0^3 A.$$

Mit $m = A \cdot 1$ u ergibt sich die Kerndichte zu

$$(1.18) \qquad \rho_{\text{Kern}} = \left(\frac{m}{V}\right)_{\text{Kern}} = \frac{A \cdot 1\,\text{u}}{\frac{4}{3}\pi R_0^3 A} = \frac{3}{4} \cdot \frac{1\,\text{u}}{\pi R_0^3}.$$

Dieses Ergebnis besagt, daß die Dichte der Atomkerne – ähnlich wie deren Ladungsdichte (s. Kap. 1.2.2) – ab etwa $A = 20$ näherungsweise konstant ist. Ihr Wert ist außerordentlich hoch[12], nämlich

$$\rho_{\text{Kern}} = \frac{3}{4} \cdot \frac{1\,\text{u}}{\pi R_0^3} \approx 2,3 \cdot 10^{14}\frac{\text{g}}{\text{cm}^3}.$$

Die Konstanz der Dichte ergibt sich aus der Tatsache, daß sowohl das Volumen als auch die Masse der Atomkerne proportional zu A anwachsen. Schwerere Kerne weisen keine dichtere Packung der Kernbausteine (Kap. 2.1) auf. Es tritt hier ein Sättigungseffekt in Erscheinung, der Rückschlüsse auf die Natur der Kernkräfte zuläßt. Wir kommen hierauf in Kap. 2.2 und 2.3 zu sprechen.

---

[12] Zum Vergleich: die mittlere Dichte der Erde beträgt rund 5,5 g/cm³.

1.4 Zusammenfassung

In diesem Kapitel wurde sozusagen „ein Blick von außen" auf Atome und deren Kerne geworfen sowie auf die dazu verwendeten experimentellen Methoden eingegangen. Die historischen Experimente, mit denen die Verteilung von Ladung und Masse in Atomen untersucht wurde, haben zunächst den Kern-Hülle-Aufbau der Atome aufgedeckt. Die positive Ladung und nahezu die gesamte Masse des Atoms sind in einem extrem kleinen Kern innerhalb der negativ geladenen Elektronenhülle konzentriert.

Die Kernladung erweist sich als ganzzahliges Vielfaches Ze der Elementarladung; der Faktor Z stimmt mit der Ordnungszahl des betreffenden Elementes im Periodensystem überein. Als Methoden zur Bestimmung der Atomladung bzw. der Kernladung haben Sie hier die elastische Streuung von RÖNTGEN- und α-Strahlung und die RÖNTGENspektroskopie kennengelernt.

Zur Ermittlung der Ausdehnung von Atomkernen sind mehrere Verfahren vorgestellt worden: die Analyse der Abweichungen von der RUTHERFORD-streuung bei Streuversuchen mit α-Teilchen oder anderen positiv geladenen Ionen, die elastische Streuung von Neutronen und hochenergetischen Elektronen sowie die Analyse der Energieniveauverschiebungen in den realen Spektren myonischer Atome. In diesem Zusammenhang trat eine als Kernkraft bezeichnete Kraft mit kurzer Reichweite zwischen den Atomkernen auf, und einige der besprochenen Verfahren lieferten bereits erste Einblicke in die Verteilung der elektrischen Ladung und der Masse im Innern der Atomkerne.

Als Ergebnis ist festzuhalten, daß den Atomkernen eine Ausdehnung mit einem Radius der Größenordnung 10^{-15} m zugeschrieben werden kann. Die Kernausdehnung ist jedoch nicht scharf begrenzt, und sowohl der jeweils bestimmte Wert wie auch dessen genauere physikalische Bedeutung hängen etwas von der Untersuchungsmethode ab. Mittels der Massenzahl A kann der Radius für Kerne mit $A \geq 20$ näherungsweise durch $R = R_0 \cdot A^{1/3}$ ausgedrückt werden, wobei $R_0 \approx 1{,}2 \cdot 10^{-15}$ m. Die Ladungsdichte im Innern schwererer Atomkerne hat einen nahezu konstanten Verlauf und weist dort für fast alle schweren Kerne etwa den gleichen Wert auf.

Die Kernmassen lassen sich näherungsweise als ganzzahlige Vielfache der sogenannten atomaren Masseneinheit 1 u = $1{,}66 \cdot 10^{-27}$ kg angeben. Sie werden mit Hilfe der Massenspektroskopie bestimmt. Für schwerere Kerne ($A \geq 20$) ergibt sich eine nahezu konstante Dichte der Kernmaterie von etwa $2{,}3 \cdot 10^{14}$ g/cm^3.

2 Statische Eigenschaften der Atomkerne (2): Innerer Aufbau und Zusammenhalt

Neben den „äußeren" Kennzeichen wie Ladung, Größe und Masse der Atomkerne interessieren ihr innerer Aufbau und dessen Systematik, um zu verstehen, worin sich die verschiedenen Kernarten voneinander unterscheiden. Die massenspektroskopischen Untersuchungen der Atomkerne zeigten sehr bald, daß die Massen aller Kerne jeweils nahezu ein ganzzahliges Vielfaches der Masse des Wasserstoffatoms sind. Darüber hinaus fiel auf, daß die meisten Elemente über eine ganze Reihe verschieden schwerer Arten von Atomen, sog. Isotope, verfügen. Nach der Entdeckung des β-Zerfalls − der Emission von Elektronen durch instabile Atomkerne − lag es nahe, sich die Atomkerne aus Wasserstoffkernen, Protonen genannt, und Elektronen aufgebaut vorzustellen.

Diese Vorstellung vom Aufbau der Atomkerne erwies sich aber als äußerst widersprüchlich und schied mit der Entdeckung des Neutrons im Jahr 1932 endgültig aus der Diskussion aus. Heute ist sicher, daß alle Atomkerne aus Protonen und − elektrisch neutralen − Neutronen bestehen. Da Protonen durch die COULOMBkraft voneinander abgestoßen werden, stellt sich die Frage, welche Art von Kräften ihr entgegenwirkt und Protonen und Neutronen in einem Atomkern fest aneinander bindet. Die Bindungsenergie (Kap. 2.2.3) der Atomkerne ist derart groß, daß sie sich gemäß der EINSTEINschen Beziehung $E = mc^2$ als meßbarer Unterschied zwischen der Masse des Atomkerns und der Summe der Massen der einzelnen Teilchen in ungebundenem Zustand bemerkbar macht. Das am Ende dieses Kapitels vorgestellte Tröpfchenmodell des Atomkerns ermöglicht, die Bindungsenergien der Atomkerne in groben Zügen auch quantitativ zu beschreiben, erfaßt allerdings Besonderheiten einzelner Kernarten nicht.

2.1 Zusammensetzung der Atomkerne; Isotope

Ein Stickstoffatom hat etwa die 14fache Masse des Wasserstoffatoms und die Kernladungszahl 7. Würde sein Kern aus Protonen und Elektronen aufgebaut sein, so müßte er aus 14 Protonen und 7 Elektronen bestehen. Was spricht dagegen?

Aus spektroskopischen Beobachtungen weiß man, daß die Quantenzahl des

Eigendrehimpulses (Spin) des Stickstoffkerns ganzzahlig ist. Da sowohl das Proton als auch das Elektron die Spinquantenzahl 1/2 haben, läßt sich nach den Regeln der Quantenmechanik zur Drehimpulsaddition aus 14 Protonen und 7 Elektronen, also insgesamt 21 Teilchen mit Spin 1/2, kein Kern mit ganzzahliger Spinquantenzahl aufbauen. Eine ungerade Anzahl von Teilchen mit halbzahliger Spinquantenzahl ergibt bei der Zusammensetzung stets ein Objekt mit wiederum halbzahliger Spinquantenzahl.

Dieses Beispiel skizziert nur eine von mehreren Schwierigkeiten, die auftreten, wenn man annimmt, daß Atomkerne aus Protonen und Elektronen bestehen. Daher ist es nicht verwunderlich, daß die Existenz eines weiteren, *elektrisch neutralen* Atombausteins mit etwa gleicher Masse wie die des Protons schon vor der Entdeckung eines derartigen Teilchens – des Neutrons – gefordert wurde.

Die sichere Kenntnis darüber, daß der Atomkern aus Protonen und Neutronen aufgebaut ist, stammt aus Kernreaktionen. Dabei werden hochenergetische Teilchen (Protonen, Elektronen, α-Teilchen, Photonen u.a.) auf Atomkerne „geschossen" und die Reaktionsprodukte untersucht. Als solche Reaktionsprodukte treten u.a. Protonen und Neutronen auf; sie werden also bei Kernreaktionen aus den Zielkernen herausgelöst.

Zu Beginn der 30er Jahre gab eine sehr durchdringende Strahlung, die bei dem Beschuß von Bor- (B) und Berylliumkernen (Be) mit α-Teilchen (aus radioaktiven Quellen) beobachtet wurde, den Kernphysikern Rätsel auf: die damals bekannte einzige Strahlungsart hoher Durchdringungsfähigkeit, die γ-Strahlung, schied bei der Interpretation der Reaktionsdaten aus. In einer Reihe herausragender Experimente gelang es J. CHADWICK 1932, die bei den genannten α-Reaktionen auftretenden Teilchen von großer Reichweite bzw. Durchdringungsfähigkeit nicht nur als Neutronen zu identifizieren, sondern auch ihre Masse mit einer für damalige Verhältnisse außergewöhnlichen Präzision (1/3 % Fehler!) zu messen (CHADWICK 1932).

Das Prinzip der Experimente von CHADWICK geht aus dem im Bild 2.1 gezeigten Versuchsaufbau hervor. Die aus einem Polonium-Präparat stammenden α-Teilchen von 5,3 MeV kinetischer Energie werden von Be- bzw. B-Kernen absorbiert, welche ihrerseits Neutronen hoher Energie emittieren ($B+\alpha \rightarrow N+n$; $Be + \alpha \rightarrow C + n$). Die Neutronen verlassen in allen Richtungen die Be- bzw. B-Probe. Einige bewegen sich in die Richtung der Ionisationskammer (s. Kap. 6.1), in der direkt allerdings nur geladene Teilchen nachgewiesen werden können. Diese lösen durch Ionisation des Füllgases Stromimpulse aus, die elektronisch verstärkt werden.

Die Neutronen ließen sich hiermit indirekt nachweisen. Ohne Material zwischen dem Quellengefäß und der Ionisationskammer wurden Impulse registriert, die auf Rückstoß-Stickstoffkerne nach einem elastischen Zusammenstoß

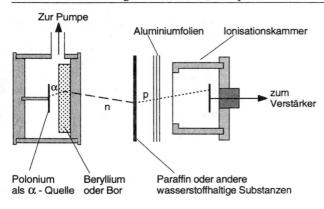

Bild 2.1 CHADWICKS Apparatur zum Nachweis des Neutrons als durchdringendes Teilchen, das bei den Reaktionen von α-Teilchen (α) mit Be- oder B-Kernen entsteht (nach EVANS 1972). n: Neutron, p: Proton.

zwischen einem Neutron und einem Atom des Füllgases der Ionisationskammer zurückzuführen waren. Bleiplatten bis zu einer Gesamtdicke von 2 cm änderten die Zählrate nur unmerklich: ein Beweis für die hohe Durchdringungsfähigkeit der Neutronen. Wenn dagegen zwischen Quellengefäß und Ionisationskammer eine 2 mm dicke Paraffinplatte eingebracht wurde, stieg die Zählrate signifikant an, und die Impulshöhen identifizierten eindeutig Rückstoßprotonen, die im wasserstoffhaltigen Paraffin durch elastischen Stoß mit H-Atomen erzeugt wurden. Die Reichweite der Rückstoßprotonen konnte durch Einbringen von Aluminiumfolien (s. Bild 2.1) bestimmt werden. Aus der bekannten Beziehung zwischen Reichweite und Energie ergab sich die Bewegungsenergie der Rückstoßprotonen. Die Gleichungen der Energie- und Impulserhaltung, angewandt auf den elastischen Stoß von Neutronen mit Wasserstoff- und Stickstoffatomen, gestatten, die Masse der stoßenden Neutronen zu bestimmen.

Alle Atomkerne setzen sich also aus zwei verschiedenartigen fundamentalen Bausteinen zusammen: aus *Protonen* und *Neutronen*. Beide Teilchen faßt man unter dem Oberbegriff *Kernteilchen* oder *Nukleon* zusammen. Der Begriff Nukleon scheint zunächst nur ein Sammelname für die beiden verschiedenen Kernteilchen zu sein; er erhält aber in der Theorie der Atomkerne eine

Tabelle 2.1   Eigenschaften von Proton, Neutron und Elektron (PARTICLE DATA GROUP: Review of Particle Properties. Phys. Rev. D 50/3, Part I (1994))

	Proton p	Neutron n	Elektron e
Masse/kg	$1{,}672\,623\,0(10) \cdot 10^{-27}$	$1{,}674\,928\,6(10) \cdot 10^{-27}$	$9{,}109\,389\,8(55) \cdot 10^{-31}$
Masse/u*	$1{,}007\,276\,470(12)$	$1{,}008\,664\,904(14)$	$5{,}485\,799\,03(13) \cdot 10^{-4}$
Ruhenergie/MeV	$938{,}272\,31(28)$	$939{,}565\,63(28)$	$0{,}510\,999\,06(15)$
Spinquantenzahl	$\frac{1}{2}$	$\frac{1}{2}$	$\frac{1}{2}$
Lebensdauer**	$> 10^{30}$ a	887 s	∞

*$1\ u = 1{,}6605655(86) \cdot 10^{-27}$ kg. Die Zahlen in Klammern sind die Standardabweichungen.
** Definition der Lebensdauer s. Kap. 4.3.

eigenständige Bedeutung[1]. Einige Eigenschaften der Atombausteine Proton, Neutron und Elektron sind in Tabelle 2.1 zusammengefaßt.

Verschiedene Atomkerne unterscheiden sich in der Anzahl der Teilchen mindestens einer Nukleonensorte voneinander. Die Gesamtzahl der Nukleonen, die einen bestimmten Atomkern bilden, wird als *Massenzahl A* dieses Kerns bezeichnet. Die Zahl der Protonen in einem Atomkern heißt *Kernladungszahl Z*. Wegen der elektrischen Neutralität des Atoms ist sie identisch mit der Zahl der Hüllenelektronen des Atoms, stimmt also mit der Ordnungszahl des zugehörigen Elements überein, die den Platz des Elementes im Periodensystem der Elemente bestimmt. Die Anzahl der Neutronen wird mit N bezeichnet. Die Massenzahl ist also die Summe aus Neutronen- und Protonenzahl:

$$A = N + Z \ .$$

Es genügt daher, zur eindeutigen Kennzeichnung eines Atomkerns zwei dieser drei Zahlen anzugeben. In der Kernphysik verwendet man üblicherweise A und Z zur Charakterisierung eines Atomkerns. Man nennt eine durch das chemische Symbol X, die Kernladungszahl Z und die Massenzahl A spezifizierte Atomart ein *Nuklid* und schreibt dafür

$$^{A}_{Z}\mathrm{X} \ .$$

---

[1] Proton und Neutron verhalten sich bezüglich der Kraft, welche die Kernteilchen fest zusammenhält, der Kernkraft, völlig gleich (s. Kap. 2.2.1). Sie lassen sich daher als zwei Erscheinungsformen eines Teilchentyps, nämlich des Nukleons, auffassen. Die theoretische Behandlung der Kernkräfte vereinfacht sich, wenn man Proton und Neutron als zwei mögliche Zustände des Nukleons beschreibt. Dieser theoretische Aspekt geht auf Werner HEISENBERG zurück. Er kann hier nicht weiter ausgeführt werden.

Die Kernladungszahl kann in dieser Schreibweise auch weggelassen werden, da sie mit der Angabe des Elements festliegt. Da alle Atome eines Nuklids einen gleichartigen Kern haben und hier meist nur die Kerne der Atome von Interesse sind, verwenden wir den Begriff „Nuklid" z.T. auch im Sinne von „Kernart"[2].

Die Nuklidsymbolik sei an einigen Beispielen verdeutlicht:

$^1_1$H einfacher Wasserstoff, der Kern besteht aus einem Proton.

$^2_1$H schwerer Wasserstoff (Deuterium D); der Kern besteht aus einem Proton und einem Neutron und wird Deuteron genannt.

$^{12}_6$C Kohlenstoffnuklid mit 6 Protonen und 6 Neutronen; Eichnuklid der Atommasseneinheit 1 u.

$^{235}_{92}$U Urannuklid mit 92 Protonen und 143 Neutronen; Bedeutung als „Kernbrennstoff".

Da die einzelnen Nuklide eindeutig durch zwei Zahlen – z.B. A und Z oder N und Z – gekennzeichnet werden können, kann man sie in einem zweidimensionalen Schema übersichtlich darstellen. Ein solches kartographisches Verzeichnis aller bekannten Atom(kern)arten heißt Nuklidkarte. (Erläuterungen dazu enthalten Kap. 4.1.2 und die Legende im Anhang.)

Die meisten in der Natur vorkommenden chemischen Elemente bestehen nicht nur aus einem einzigen Nuklid. Da jedes chemische Element durch die Ordnungszahl bzw. Kernladungszahl Z eindeutig festgelegt ist, enthalten alle zugehörigen Atome in ihrem Kern die gleiche Anzahl Protonen und die identische Anzahl Elektronen in ihrer Hülle. Sie können sich aber in der Zahl der Neutronen im Kern unterscheiden und demnach verschieden schwer sein. Atomarten, die sich nur in der Anzahl der Neutronen ihrer Atomkerne unterscheiden, heißen *Isotope*. Das Element Kohlenstoff besitzt z.B. die beiden stabilen Isotope $^{12}_6$C und $^{13}_6$C. Ein natürliches Gemisch dieser Isotope besteht zu 98,80 % aus $^{12}_6$C und zu 1,10 % aus dem Isotop $^{13}_6$C. In einer Nuklidkarte sind die Isotope eines Elements jeweils in den Zeilen angeordnet. Nuklide mit gleichem N, aber unterschiedlichen Z bezeichnet man als *Isotone*.

Zum Schluß dieses Abschnitts soll noch auf die Angabe atomarer Massen eingegangen und auf eine Doppelbedeutung des Begriffs „Massenzahl", die häufig Verwirrung stiftet, aufmerksam gemacht werden. Die Chemiker verstehen i.d.R. unter „Massenzahl" etwas anderes als die Kernphysiker.

---

[2] Die Definition des Nuklids als durch Z und N festgelegte Atomart entspricht den DIN-Normen (z.B DIN 6814 Teil 4). In Lehrbüchern findet man teils die Bedeutung „Atomart", teils die Bedeutung „Kernart".

Atommassen werden meist in relativer Form angegeben. Der Hintergrund dafür ist, daß eine Präzisionsmessung absoluter Atommassen m_a schwierig ist, während Massenverhältnisse mit den in Kap. 1.3.1 beschriebenen Verfahren relativ einfach und sehr präzise ermittelt werden können. Als Bezugsgröße dient heute die „vereinheitlichte Atommassenkonstante"[3] m_u, die gleich 1/12 der Atommasse des Kohlenstoffisotops ^{12}C ist und die atomare Masseneinheit 1 u (s. Fußnote zu Tabelle 2.1) bildet:

$$m_u = \frac{1}{12} m_a(^{12}C) = 1\,u.$$

Die *relative Atommasse* A_r ist dann die Zahl

$$A_r = \frac{m_a}{m_u}.$$

Die *absolute Atommasse* läßt sich damit als $m_a = A_r \cdot 1\,u$ angeben.

Da die Definition von m_u eine Mittelung zwischen Protonen- und Neutronenmasse beinhaltet $(1/12 m_a(^{12}C)!)$, ferner die mittlere Bindungsenergie je Nukleon des $^{12}_6$C-Isotops und die Masse und Bindungsenergie seiner Hüllenelektronen berücksichtigt (s. nächstes Kapitel), ist 1 u weder gleich der Protonenmasse m_p oder der Neutronenmasse m_n noch gleich der mittleren Nukleonenmasse allein. Die relative Atommasse $A_r = \frac{m_a}{1\,u}$ ist somit nicht identisch mit der Massenzahl $A = N + Z$ des Nuklids, denn $m_a \neq (N + Z) \cdot 1\,u$. (In Kap. 1.3.2 wurde allerdings für eine Abschätzung $A_r = A$ als Näherung angenommen.)

Die „chemische Massenzahl" bedeutet die relative Atommasse eines Elements des Periodensystems unter Berücksichtigung der relativen Häufigkeit jedes stabilen Isotops des betreffenden Elements. Bei der Berechnung der Massenzahlen, die man in Periodensystemen der Elemente findet, werden die individuellen relativen Atommassen der Isotope des natürlichen Isotopengemisches mit ihrer relativen Häufigkeit gewichtet. Unterschiedliche mittlere Bindungsenergien, Ungleichheit von N und Z ($N > Z$ bei den meisten stabilen Nukliden (s. Kap. 2.2.1)) und vor allem das natürliche Isotopengemisch führen dazu, daß die „chemischen Massenzahlen" im Unterschied zur Massenzahl A der Kernphysik nicht ganzzahlig sind.

---

[3] Abk. m_u von <u>u</u>nified atomic mass constant

2.2   Kernkraft und Bindungsenergie

Protonen stoßen sich aufgrund ihrer positiven Ladung durch die COULOMBkraft gegenseitig ab. Da aber stabile Atomkerne mit mehreren Protonen – und Neutronen – existieren, kann geschlossen werden, daß die Nukleonen durch Kräfte aneinander gebunden sind, die stärker als die elektromagnetischen Kräfte sind. Von der sog. Kernkraft, ihren Eigenschaften und Implikationen soll im folgenden die Rede sein.

2.2.1   Eigenschaften der Kernkraft

Die Bindungskraft zwischen den Nukleonen kann nicht auf der elektrischen Ladung beruhen, denn die elektrisch neutralen Neutronen sind in Atomkernen ebenso fest gebunden wie die Protonen, sieht man von der COULOMBabstoßung ab. Gewisse Symmetrieeigenschaften von Spiegelkernen[4] und Experimente zur Streuung von Nukleonen an Nukleonen zeigen, daß die anziehende Kraft, die die Nukleonen in Atomkernen zusammenhält, nicht zwischen Protonen und Neutronen unterscheidet (Berechtigung des Begriffs „Nukleon"!). Die anziehenden Kräfte zwischen Proton und Proton (p–p), Proton und Neutron (p–n) sowie Neutron und Neutron (n–n) sind unter gleichen Bedingungen gleich, insbesondere also *ladungsunabhängig*. Von den bekannten Kräften wäre damit nur noch die Gravitationskraft, die aufgrund der Masse allgemein zwischen Körpern anziehend wirkt, als bindende Kraft auch zwischen den Nukleonen möglich. Da Proton und Neutron eine etwa gleichgroße Masse besitzen (s. Tabelle 2.1, S. 50), unterscheidet die Gravitationskraft nicht zwischen den Nukleonen. Von daher käme sie als Kandidat für eine Erklärung des Zusammenhalts des Atomkerns prinzipiell in Frage. Wendet man allerdings das universelle Gravitationsgesetz auf die Verhältnisse im Atomkern an, so stellt man fest, daß die Gravitationskraft wegen der winzigen Masse der Nukleonen um viele Zehnerpotenzen zu schwach ist, diese zusammenzuhalten. Auch ohne Rechnung lehrt uns die Erfahrung, daß die Gravitationsraft zwischen alltäglichen Objekten, wie z.B. zwei Personen, völlig vernachlässigbar ist, auch wenn sie sich sehr nahe kommen. Es bedarf der Massen von Himmelskörpern zur Erzeugung hinreichend starker Gravitationskräfte.

Zwischen zwei (als punktförmig angenommenen) Körpern gleicher Masse m und gleicher elektrischer Ladung Q im Abstand r voneinander gilt für die Beträge von Gravitationskraft F_G und COULOMBkraft F_C:

---

[4] Zwei Kernarten, die dadurch auseinander hervorgehen, daß man alle Protonen und Neutronen gegeneinander austauscht, heißen Spiegelkerne. Beispiel: $^{15}_8O$ und $^{15}_7N$.

$$F_G = G \cdot \frac{m^2}{r^2} \qquad \text{mit } G = 6{,}67 \cdot 10^{-11} \, \frac{\text{Nm}^2}{\text{kg}^2}$$

$$F_C = \frac{1}{4\pi\epsilon_0} \cdot \frac{Q^2}{r^2} \qquad \text{mit } \frac{1}{4\pi\epsilon_0} = 9 \cdot 10^9 \, \frac{\text{Nm}^2}{\text{C}^2}.$$

Damit die anziehende Gravitationskraft betragsmäßig mindestens gleich der abstoßenden COULOMBkraft wäre, müßte gelten:

$$\frac{m}{Q} \geq \sqrt{\frac{1}{G \cdot 4\pi\epsilon_0}} \approx 1{,}2 \cdot 10^{10} \, \frac{\text{kg}}{\text{C}}.$$

Für Protonen mit der Masse $m_p = 1{,}7 \cdot 10^{-27}$ kg und der Ladung $Q = e = 1{,}6 \cdot 10^{-19}$ C erhält man aber nur

$$\frac{m_p}{e} \approx 1{,}1 \cdot 10^{-8} \, \frac{\text{kg}}{\text{C}}.$$

Unter der Voraussetzung, daß Gravitations- und COULOMBgesetz auch für so geringe Entfernungen gültig bleiben, wie sie zwischen den Nukleonen im Atomkern bestehen, ist somit die Gravitationskraft um viele Zehnerpotenzen zu klein, um die COULOMBabstoßung zwischen den Protonen zu kompensieren. (Dazu müßte sie mindestens um den Faktor 10^{36} größer sein.)

Quantitative Untersuchungen zeigen, daß die Kräfte zwischen den Nukleonen etwa 10^{40}(!)mal so stark sind wie die Massenanziehungskräfte. Wir sind gezwungen, eine neue Kraft einzuführen, die man *Kernkraft*[5] nennt. Ihren Eigenschaften wollen wir uns jetzt näher zuwenden.

Zwei globale Eigenschaften der Atomkerne können als Hinweis auf Eigenschaften der Kernkraft dienen. Die Dichteabschätzung für die Kernmaterie (Kap. 1.3.2) zeigte, daß die Dichte aller Kerne (mit Ausnahme der ganz leichten) nahezu gleich ist. Das bedeutet, daß die größere Anzahl Nukleonen bei schweren Kernen keine dichtere Packung der Nukleonen bewirkt. Ferner ist – wie weiter unten ausgeführt wird – die mittlere Bindungsenergie je Nukleon

---

[5] Angesichts der Stärke der Kernkraft wurde diese früher als „starke Wechselwirkung" bezeichnet. Diese Bezeichnung hat infolge von Forschungsergebnissen der letzten Jahre eine andere als die ursprüngliche Bedeutung erhalten. Es zeigte sich, daß auch für die Nukleonen eine innere Struktur angenommen werden muß, daß sie aus Teilchen (Quarks) zusammengesetzt sind. Heute wird die Kraft zwischen diesen Nukleonen*bausteinen* als starke Wechselwirkung bezeichnet. Die Kraft zwischen den Nukleonen – also die hier als Kernkraft bezeichnete Kraft – kann als Restwechselwirkung dieser starken Wechselwirkung aufgefaßt werden (vgl. hierzu auch Kap. 2.2.2). In älteren Lehrbüchern werden die Begriffe *Kernkraft* (*Nukleon-Nukleon-Wechselwirkung*) und *starke Wechselwirkung* resp. *starke Kraft* vielfach noch synonym verwendet. In neuerer Literatur findet man die hier angedeutete Unterscheidung. Im hier verwendeten Sinn ist die starke Wechselwirkung (zwischen den Nukleonenbausteinen) die Ursache der Kraft zwischen den Nukleonen.

(s. Kap. 2.2.3) für alle Kerne nährungsweise gleich groß. Dies deutet darauf hin, daß die Kernkraft nur eine kurze Reichweite besitzt, so daß jedes Nukleon nur seine unmittelbaren Nachbarn „spürt". Die weiter entfernt sich aufhaltenden Nukleonen haben offenbar keinen Einfluß auf ein betrachtetes Nukleon.

Genauere Kenntnisse über die Kernkraft beruhen auf Nukleon-Nukleon-Streuexperimenten. Durch sie konnte nachgewiesen werden, daß die Reichweite der bindenden Kraft zwischen den Nukleonen etwa $2 \cdot 10^{-15}$ m beträgt. Im Unterschied zur COULOMB- und Schwerkraft fällt der Betrag der Kernkraft nicht mit $1/r^2$ – und quasi erst „im Unendlichen" auf Null – ab. Außerdem schlägt die bei Annäherung der Teilchen zunächst anziehend wirkende Kraft bei sehr kleinen Abständen in eine stark abstoßende Kraft um, so daß sich die Mittelpunkte zweier Nukleonen nicht beliebig nahe kommen können („hard core" der Nukleonen). Der minimale Abstand beträgt (entsprechend den Werten in Bild 2.3, S. 57) etwa $0,4 \cdot 10^{-15}$ m. Der „hard core" verhindert einen Kollaps der Kerne. Außerhalb einer Kugel vom Radius $r = 2 \cdot 10^{-15}$ m „spüren" Nukleonen ein Nukleon im Mittelpunkt dieser Kugel nicht mehr (Bild 2.2). Wegen der kurzen Reichweite der Kernkraft einerseits und des „hard core" andererseits kann somit jedes Nukleon im Kern nur mit einer begrenzten Zahl benachbarter Nukleonen in Wechselwirkung treten. Dies hat dann zur Folge, daß die Dichte der Kernmaterie und die mittlere Bindungsenergie je Nukleon oberhalb einer unteren Grenze der Massenzahl näherungsweise konstant sind. Man spricht in der Kernphysik von *„Sättigung der Kernkraft"*.

Für die Kernkraft läßt sich – anders als z.B. für die COULOMBkraft – kein einfaches Kraftgesetz angeben. Man ist auf Näherungen angewiesen. In erster Näherung ist die Kernkraft eine Zentralkraft, d.h. die Kraft zwischen zwei Nukleonen hängt nur von deren Abstand r ab und ist längs der Verbindungsgeraden ihrer Mittelpunkte gerichtet. Meist gibt man nun nicht explizit die Kernkraft zwischen zwei Nukleonen an, sondern charakterisiert die Wechselwirkung zwischen den Teilchen durch ihr Potential $V(r)$, d.h. durch die potentielle Energie der Teilchen als Funktion ihres Abstandes. Die Verwendung des Potentials anstelle der Kraft ist häufig bequemer, weil es eine skalare Größe ist, hat aber auch noch andere Gründe und Vorteile (s. Legende zu Bild 2.3 und Kap. 3.2.2). Die Kraft F(r) erhält man in diesem Fall aus dem Potential gemäß $F(r) = -\frac{dV(r)}{dr}$. Der näherungsweise Verlauf des auf der Kernkraft beruhenden Potentials $V(r)$ für zwei Nukleonen ist in Bild 2.3 skizziert und wird dort näher diskutiert.

Der anziehenden Kernkraft wirkt im Atomkern die abstoßende COULOMB-kraft zwischen den Protonen entgegen. Wegen der Proportionalität zu $1/r^2$ ist ihr Wirkungsbereich erheblich größer als der der Kernkraft. Jedes Proton unterliegt der Abstoßung durch alle anderen Protonen des Kerns, nicht nur jener der nächstgelegenen. Mit steigender Protonenzahl lockern deshalb die

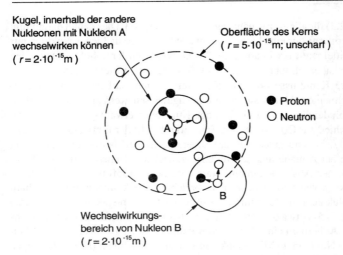

Kugel, innerhalb der andere Nukleonen mit Nukleon A wechselwirken können ($r = 2 \cdot 10^{-15}$ m)

Oberfläche des Kerns ($r = 5 \cdot 10^{-15}$ m; unscharf)

● Proton
○ Neutron

A

B

Wechselwirkungs-bereich von Nukleon B ($r = 2 \cdot 10^{-15}$ m)

Bild 2.2 Wegen der kurzen Reichweite der Kernkraft ist eine Wechselwirkung nur zwischen eng benachbarten Nukleonen möglich.

zunehmenden elektrischen Abstoßungskräfte die Bindung der Protonen. Diese Stabilitätsabnahme wird kompensiert (bzw. abgemildert), indem mit zunehmender Nukleonenzahl die Zahl der Neutronen gegenüber der Zahl der Protonen immer mehr überwiegt. Dadurch vergrößert sich der mittlere Abstand zwischen den Protonen, und die elektrostatische Abstoßung verringert sich entsprechend. Das systematisch mit wachsender Massenzahl zunehmende Übergewicht der Neutronen ist deutlich in Bild 2.4 zu erkennen, in dem die stabilen Nuklide in einem N-Z-Diagramm markiert sind. Fassen wir die wichtigsten Eigenschaften der Kernkraft kurz zusammen: Sie

- wirkt anziehend mit abstoßendem „hard core" ($< 0,4 \cdot 10^{-15}$ m),

- besitzt eine sehr kurze Reichweite (etwa $2 \cdot 10^{-15}$ m),

- hat Sättigungscharakter,

- ist wesentlich stärker als elektromagnetische Wechselwirkung und Gravitationskraft und

- ist ladungsunabhängig.

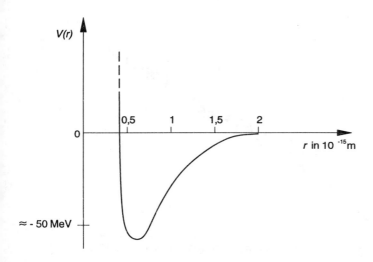

Bild 2.3 Potential zwischen zwei Nukleonen in Abhängigkeit vom Abstand r ihrer Mittelpunkte (qualitativer Verlauf).

Auf die Kraft zwischen den Teilchen kann aus der Potentialkurve folgendermaßen geschlossen werden: Denkt man sich ein Teilchen bei 0 festgehalten und sieht r als Koordinate des anderen an, so ist wegen $F(r) = -\frac{dV(r)}{dr}$ die Kraft auf das Teilchen bei r bis auf das Vorzeichen gleich der Steigung der Potentialkurve. Die Richtung der Kraft ergibt sich aus deren Vorzeichen. Fällt die Potentialkurve mit zunehmendem r ab, so ist $F(r)$ positiv. Die Kraft ist in Richtung zunehmender Werte von r gerichtet; sie wirkt abstoßend zwischen den Teilchen. Zu einer positiven Steigung der Potentialkurve gehört eine Kraft in Richtung abnehmender Werte von r; die Teilchen ziehen sich an. Wo das Potential konstant ist, ist die Kraft 0. Die zur gezeichneten Potentialkurve gehörende Kraft wirkt also abstoßend zwischen den Nukleonen, wenn deren Abstand kleiner als der zum Minimum von $V(r)$ gehörende Wert von r ist. Für größere Abstände wirkt sie anziehend und sinkt schließlich für $r \approx 2 \cdot 10^{-15}$ m auf Null ab.

Die Potentialkurve erlaubt, den möglichen Aufenthaltsbereich eines Teilchens sofort abzulesen, wenn man dessen Gesamtenergie kennt. Die Gesamtenergie ist konstant und in der Skizze oben als Parallele zur r-Achse einzutragen. Bei klassischer Betrachtung ist sie für jeden Abstand gleich der Summe aus potentieller und kinetischer Energie. Da stets $E_{kin} \geq 0$, sind nur Abstände zwischen den Teilchen möglich, bei denen die Gesamtenergie größer als die potentielle Energie ist. Zu negativer Gesamtenergie gehören *gebundene Zustände*. Im obigen Potential sind diese bei Teilchenabständen zwischen etwa $0,4 \cdot 10^{-15}$ m und $2 \cdot 10^{-15}$ m möglich. Ein Minimalabstand von ungefähr $0,4 \cdot 10^{-15}$ m ist wegen des steilen Verlaufs des Potentials auch bei sehr großer Gesamtenergie nicht zu unterschreiten; hier spiegelt sich der „hard core" der Nukleonen in der Potentialkurve wider.

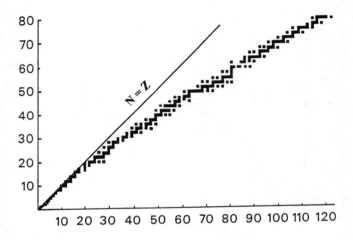

Bild 2.4 Lage der stabilen Nuklide im N-Z-Diagramm

2.2.2 Ausblick: Quantenfeldtheoretische Beschreibung der Kernkraft

Die Quantenelektrodynamik beschreibt die Wechselwirkung zwischen zwei
elektrisch geladenen Teilchen durch den Austausch eines Photons, des Quants
des elektromagnetischen Feldes. Das Photon überträgt Energie und Impuls von
einem Teilchen auf das andere und vermittelt so die Wechselwirkung. Allerdings ist ein solches „Austausch-Photon" nicht beobachtbar und wird deshalb
als virtuelles Photon bezeichnet. Im Rahmen der Quantenfeldtheorie wird dieses
Konzept, Kräfte durch Austausch von (virtuellen) Teilchen vermittelt zu sehen,
auf andere Kräfte verallgemeinert. Die Wechselwirkung zwischen Nukleonen
kann im Rahmen dieser Vorstellung durch den Austausch von Mesonen (in
erster Linie von Pionen) beschrieben werden. Der Name (meso ... (gr.): mittel
...) weist auf die Größe ihrer Massen zwischen den Massen der stabilen Atombausteine Elektron und Proton hin. Während Photonen masselose Feldteilchen
sind, beträgt die Masse der Pionen etwa das 280fache der Elektronmasse.

Die folgende Abschätzung liefert einen Zusammenhang zwischen der Masse des Austauschteilchens und der Reichweite der Wechselwirkung. Wenn die
Dauer des Austauschprozesses Δt beträgt, legt das Austauschteilchen höchstens
den Weg $r_0 = c\Delta t$ (c = Vakuumlichtgeschwindigkeit) zurück, der größenord-

nungsmäßig die Reichweite der Kraft festlegt. Das Teilchen muß bei dem Austausch mindestens mit seiner Ruhenergie mc^2 erzeugt und danach absorbiert werden. Dies scheint auf den ersten Blick eine Verletzung des Energiesatzes zu sein. Aufgrund der Unschärferelation besteht jedoch während des Zeitraumes Δt eine Energieunschärfe ΔE mit

$$\Delta t \, \Delta E \geq \hbar. \quad \left(\hbar = \frac{h}{2\pi}; \; h: \text{PLANCKsches Wirkungsquantum} \right)$$

Setzt man für ΔE die Ruhenergie des Austauschteilchens ein, so ist der beschriebene Prozeß möglich (aber nicht beobachtbar), wenn

$$\Delta t \leq \frac{\hbar}{mc^2}.$$

Für die Reichweite r_0 des Austauschteilchens gilt dann

$$r_0 = c\Delta t \leq \frac{\hbar}{mc};$$

sie ist also umgekehrt proportional zu seiner Ruhmasse. Man nennt $\frac{\hbar}{mc}$ die COMPTON-*Wellenlänge* des Teilchens der Ruhmasse m. Unsere Abschätzung liefert das einfach formulierbare Ergebnis: Die Reichweite einer Wechselwirkung ist von der Größenordnung der COMPTON-Wellenlänge des die Wechselwirkung vermittelnden Austauschteilchens.

Die COMPTON-Wellenlänge des Pions ($m_\pi c^2 = 140$ MeV) beträgt $1,4 \cdot 10^{-15}$ m. Dieser Wert stimmt größenordnungsmäßig mit der beobachteten Reichweite der Kernkraft überein. Der noch zu behandelnde Betazerfall (s. Kap. 4.4) wird durch eine extrem kurzreichweitige Kraft ($r_0 < 10^{-17}$ m), die sog. schwache Wechselwirkung, vermittelt. Die Feldteilchen der schwachen Wechselwirkung – W-Bosonen genannt – konnten erst 1983 wegen der erforderlichen sehr hohen Erzeugungsenergie nachgewiesen werden. Die W-Bosonen sind etwa 100mal so schwer wie das Nukleon (s. Kap. 4.4).

Es hat sich in der Elementarteilchenphysik als sehr hilfreich erwiesen, Wechselwirkungen durch eine Art Bildersprache in Raum-Zeit-Diagrammen, sog. FEYNMAN-Diagrammen, darzustellen. Als Beispiele sind in Bild 2.5a und 2.5b die elektromagnetische Wechselwirkung eines Elektrons mit einem Proton (elastische Streuung) und die Wechselwirkung eines Protons mit einem Neutron skizziert. Im ersten Fall wird ein Photon (γ) und im zweiten Fall ein positiv geladenes Pion (π^+) ausgetauscht. Im letzteren Beispiel emittiert das Proton das π^+-Teilchen und geht in ein Neutron über. Das ursprüngliche Neutron wird nach der Absorption des π^+ zum Proton (Ladungsaustausch-Streuung).

Über die bloße Veranschaulichung hinausgehend – zu der diese Diagramme hier allein verwendet werden – verknüpft die Quantenfeldtheorie mit den FEYNMAN-Diagrammen feste Regeln zur Berechnung von Reaktionswahrscheinlichkeiten und Zerfallsraten.

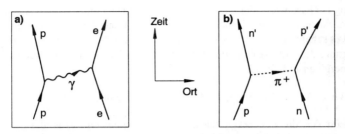

Bild 2.5 FEYNMAN-Diagramm zur e–p elastischen (a) und p–n Ladungsaustausch-Streuung (b)

Über einen Austausch von Teilchen – in diesem Fall von Elektronen der Bindungspartner – erklärt auch die Molekülphysik die Bindung von Atomen zu Molekülen. Diese Analogie zwischen Molekülbindung und Kernbindung reicht über das bisher Gesagte noch hinaus. Molekül-Bindungskräfte sind von kurzer Reichweite, obwohl sie letztendlich auf die COULOMBkräfte von Hülle und Kern der beteiligten Atome zurückzuführen sind. Sie entsprechen der Resultierenden aller elektrischen Einzelkräfte zwischen den Konstituenten der Atome des Moleküls, stellen also gewissermaßen eine Art Restwechselwirkung dar. Die kurzreichweitige Molekülbindung resultiert aus der Überlagerung langreichweitiger elektrischer Wechselwirkungen.

Nach den heutigen Kenntnissen der Elementarteilchenphysik sind das Proton und das Neutron keine fundamentalen, d.h. strukturlosen Teilchen. Sie setzen sich vielmehr aus fundamentaleren Bausteinen, den sog. Quarks, zusammen. Die Quarks werden durch sehr starke, langreichweitige Kräfte fest zusammengehalten. Die Austauschkräfte zwischen den Nukleonen im Kern sind – analog zur Molekülbindung – die Restwechselwirkung der zwischen den Quarks wirkenden Kräfte. Auf Einzelheiten des Wechselwirkungsmechanismusses kann hier leider nicht eingegangen werden[6].

---

[6] Eine Einführung in die Physik der Elementarteilchen und deren Wechselwirkungen geben z.B. die Bücher:

Lederman, L.M. und Schramm, D.N.: Vom Quark zum Kosmos – Teilchenphysik als Schlüssel zum Universum. Spektrum-Bibliothek; Bd. 26. Spektrum der Wissenschaft Verlagsgesellschaft mbH, Heidelberg 1990.

Waloschek, P.: Neuere Teilchenphysik – einfach dargestellt. Praxis-Schriftenreihe der Physik; Bd. 47. Aulis Verlag Deubner & Co KG, Köln 1989.

Hilscher, H.: Elementare Teilchenphysik. Buchreihe „Facetten"; Verlag Vieweg, Wiesbaden 1996.

2.2.3 Bindungsenergie und Massendefekt

Die starke Wechselwirkung hält die Nukleonen im Kern fest zusammen. Man muß Energie aufwenden, um ein einzelnes Nukleon aus dem Verband der Nukleonen zu lösen. Diejenige Energie, die insgesamt erforderlich ist, um alle Nukleonen aus dem Kernverband zu lösen, so daß der gesamte Kern in seine Bestandteile zerlegt ist, heißt Gesamtbindungsenergie des Kerns oder – kurz – *Bindungsenergie* E_B.

Befinden sich die A Nukleonen eines Atomkerns nach der Zerlegung so weit voneinander entfernt, daß weder die starke Anziehungskraft zwischen ihnen noch die elektrostatische Abstoßung zwischen den Protonen eine Rolle spielen, und befinden sich die separierten Nukleonen in Ruhe, so besteht die gesamte Energie des zerlegten Nukleonensystems lediglich aus der Ruhenergie aller Bausteine. (Die potentielle Energie sei für diesen Zustand gleich Null gesetzt.) Nach der speziellen Relativitätstheorie beträgt diese Ruhenergie

$$(Zm_p + Nm_n)c^2,$$

wobei m_p die Protonruhmasse, m_n die Neutronruhmasse und c die Lichtgeschwindigkeit im Vakuum bedeuten. Die Ruhmasse des Kerns vor der Zerlegung sei m; seine Ruhenergie beträgt mc^2.

Die Bindungsenergie ist dann die Differenz der Ruhenergien nach und vor der Zerlegung[7]:

(2.1) $$E_B = (Zm_p + Nm_n - m)c^2$$

Die in dieser Gleichung enthaltene Massendifferenz

(2.2) $$\Delta m = Zm_p + Nm_n - m$$

wurde in zahlreichen massenspektrographischen Untersuchungen quantitativ bestätigt. Es ist stets $\Delta m > 0$, das heißt, die Summe der Einzelmassen des zerlegten Systems ist größer als die Masse des gebundenen Systems. Die zur Trennung der Nukleonen aufgewandte Energie E_B, die hier positiv gerechnet wird, tritt als Massenzuwachs Δm in Erscheinung[8]. Umgekehrt wird bei der

---

[7] Meist wird nicht die Ruhmasse des Kerns allein, sondern die des Atoms bei Betrachtungen dieser Art zugrunde gelegt. Im Term für die Ruhenergie des „zerlegten Systems" ist dann die Ruhmasse des Protons durch die des Wasserstoffatoms zu ersetzen. Die Bindungsenergie der Elektronenhülle ist bei leichten Atomen um einige Größenordnungen geringer und kann für kleine Z vernachlässigt werden (s. Tabelle 2.2).

[8] Dieses ist eine Konsequenz der Relativitätstheorie von A. EINSTEIN und bringt die Äquivalenz von Energie und Masse zum Ausdruck. Die massenspektroskopischen Daten sind ein überzeugender Hinweis für die Richtigkeit der speziellen Relativitätstheorie. Die Gleichung $E = mc^2$ ist zur populärsten Gleichung der Physik avanciert. Sie bildet u.a. die Grundlage der technischen Ausnutzung der Kernenergie.

Vereinigung freier Nukleonen zu einem Kern der Betrag der Bindungsenergie frei, und die Gesamtmasse des gebundenen Nukleonensystems ist gemäß

(2.3) $E_\mathrm{B} = \Delta m c^2$

um Δm geringer als die Gesamtmasse der freien Nukleonen. Man nennt die Massendifferenz Δm deshalb auch *Massendefekt* des Atomkerns.

Aus der Masse eines Atomkerns kann somit seine Bindungsenergie mit den Gleichungen (2.2) und (2.3) berechnet werden. Wir berechnen als Beispiel die Bindungsenergie des $^4_2$He-Kerns:

Masse des $^4_2$He-Kerns:

$$m_\mathrm{He} = 6{,}6448 \cdot 10^{-27} \ \mathrm{kg}.$$

Masse der beiden Protonen des He-Kerns:

$$2m_\mathrm{p} = 2 \cdot 1{,}67262 \cdot 10^{-27} \ \mathrm{kg} = 3{,}3453 \cdot 10^{-27} \ \mathrm{kg}.$$

Masse der beiden Neutronen des He-Kerns:

$$2m_\mathrm{n} = 2 \cdot 1{,}67493 \cdot 10^{-27} \ \mathrm{kg} = 3{,}3499 \cdot 10^{-27} \ \mathrm{kg}.$$

Damit erhält man als Massendefekt

$$\Delta m_\mathrm{He} = 2m_\mathrm{p} + 2m_\mathrm{n} - m_\mathrm{He} = 0{,}0504 \cdot 10^{-27} \ \mathrm{kg}.$$

Mit $c = 2{,}9979 \cdot 10^8$ m/s und der Umrechnung 1 J $= 6{,}2415 \cdot 10^{12}$ MeV erhält man für die Bindungsenergie E_B des $^4_2$He-Kerns

$$E_\mathrm{B} = \Delta m_\mathrm{He} \cdot c^2 = 28{,}3 \ \mathrm{MeV}.$$

In Tabelle 2.2 sind für einige Nuklide die Gesamtbindungsenergien und – zum Vergleich – die Bindungsenergien der Atomhülle zusammengestellt.

Aufgabe 2.1 *Wie lassen sich ausgehend, von den Daten in Tabelle 2.2 und den Nukleonenzahlen, die Kernmassen und die Atommassen der aufgeführten Nuklide bestimmen? Berechnen sie für ^{16}O die absolute und die relative Atommasse (s. Kap. 2.1), und ermitteln Sie aus der Nuklidkarte auch die „chemische Massenzahl".*

Tabelle 2.2 Nuklidbindungsenergie und Hüllenbindungsenergie (KAMKE 1979)

Nuklid	Nuklidbindungsenergie in MeV	Hüllenbindungsenergie inMeV
^{2} H	2, 225	0, 0000136
^{4} He	28, 296	0, 0000790
^{7} Li	39, 245	0, 000203
^{16} O	127, 621	0, 00204
^{35} Cl	298, 20	0, 01255
^{57} Fe	499, 90	0, 03459
^{176} Lu	1418, 40	0, 37
^{235} U	1783, 889	0, 69

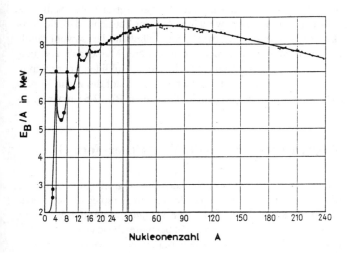

Bild 2.6 Bindungsenergie je Nukleon als Funktion der Nukleonenzahl (KAMKE 1979)

Eine sowohl theoretisch wie auch praktisch bedeutsame Größe ist die bereits in Kap. 2.2.1 erwähnte *mittlere Bindungsenergie je Nukleon* E_B/A, der Quotient aus Gesamtbindungsenergie und Massenzahl. In Bild 2.6 ist der Verlauf der mittleren Bindungsenergie je Nukleon in Abhängigkeit von A graphisch wiedergegeben.

Man entnimmt der Abbildung, daß die mittlere Bindungsenergie je Nukleon bei etwa $A = 65$ ein Maximum erreicht und dann langsam bis $A = 240$ abfällt.

Wenn man von den leichtesten Kernen absieht, liegen die mittleren Bindungsenergien je Nukleon für alle Kerne in einem relativ schmalen Band zwischen 7 und 9 MeV. Die Bindungsenergie je Nukleon ist also näherungsweise konstant. Hierin kommt die Sättigungseigenschaft der Kernkraft und damit deren kurze Reichweite zum Ausdruck. Die Nukleonen sind im Mittel mit etwa 8 MeV in den Atomkernen gebunden. Dieser Energiebetrag ist im Mittel aufzuwenden, will man ein Nukleon aus dem Kernverband lösen. Auf der anderen Seite werden beim Einbau eines Nukleons in einen Kern (z.B. beim Einfang eines Neutrons durch einen Kern) etwa 8 MeV Energie frei. Diese Aussagen gelten aber nur als Näherung (vgl. Kap. 3.1). Große Abweichungen hiervon sind aus der Kurve in Bild 2.6 bereits bei den leichten Nukliden zu erkennen. Auffallend sind die ausgeprägten relativen Maxima bei den Nukliden $^4_2$He, $^{12}_6$C und $^{16}_8$O. Diese Kerne sind wegen ihrer relativ hohen Bindungsenergie besonders stabil. Im nächsten Abschnitt und im anschließenden Kapitel 3 wird versucht, diese Befunde durch verschiedene Kernmodelle zu erklären.

Hinter dem Verlauf des Graphen in Bild 2.6 verbirgt sich der Schlüssel zum Verständnis der Kernenergiegewinnung. Aus der Tatsache, daß die Bindungsenergiekurve ein Maximum aufweist, folgt nämlich, daß sowohl durch Spaltung schwerer Kerne in zwei Bruchstücke mittlerer Massenzahl als auch durch Verschmelzen sehr leichter Kerne zu schwereren Nukliden Energie freigesetzt wird. Auch einige Instabilitäten schwerer Kerne, auf die wir in Kap. 4 eingehen wollen, werden aus dem Verlauf des Graphen in Bild 2.6 verständlich.

2.3 Das Tröpfchenmodell und die Weizsäcker-Formel

Wenn man vom steilen Anstieg des Graphen der Bindungsenergie je Nukleon (Bild 2.6, S. 63) bei den kleinsten Massenzahlen absieht, so spiegelt die nahezu horizontal verlaufende Kurve für $E_B(A)/A$ die *Sättigungsnatur der Kernkraft* wider: Jedes Nukleon im Innern des Kerns steht bei hinreichend großer Massenzahl A bereits mit der Maximalzahl möglicher „Partner" in Wechselwirkung. Zusätzliche Nukleonen ändern daran nichts. (Lediglich für Nukleonen an der Oberfläche des Kerns ist dies anders.) Die Bindungsenergie E_B der Kerne ist daher[9] näherungsweise proportional zu A. Eng damit zusammen hängt die nahezu konstante Dichte der Kernmaterie (s. Kap. 1.3.2). Diese Eigenschaften erinnern sehr an diejenigen eines Flüssigkeitstropfens. In einer Flüssigkeit ist die Gesamtbindungsenergie direkt proportional zur Masse der Flüssigkeit (um

---

[9] Würde jedes Nukleon mit allen anderen im Kern wechselwirken, so würde man $E_B \sim A(A-1) \approx A^2$ erwarten.

z.B. 2 kg Wasser zu verdampfen, benötigt man die doppelte Energie als für 1 kg), und die Dichte ist (Inkompressibilität vorausgesetzt) konstant.

Ein Kernmodell, das zur Beschreibung des *globalen Verlaufs* der Bindungsenergiekurve in Bild 2.6 entwickelt wurde, behandelt den Atomkern gleichsam als Flüssigkeitstropfen. Es wird in der Literatur deshalb *Tröpfchenmodell* genannt. Wie alle Modelle der Physik hat das Tröpfchenmodell einen begrenzten Gültigkeitsbereich. Es verschafft Einsicht in die A-Abhängigkeit der Bindungsenergie und damit auch der Kernmasse. Weitergehende Kerneigenschaften kann es nicht erklären.

Ein Tropfen einer inkompressiblen Flüssigkeit wird durch kurzreichweitige Kräfte mit Sättigungscharakter zusammengehalten. Für nicht zu kleine Tropfen ist die Kondensationswärme je Molekül unabhängig vom Volumen des Tropfens, die Kondensationswärme des Tropfens also proportional zu seinem Volumen. Allerdings werden die Moleküle an der Oberfläche des Tropfens von weniger Molekülen angezogen als die im Innern, so daß noch ein zur Oberfläche proportionaler Energiebetrag als „Korrekturterm" von der Volumenenergie abzuziehen ist.

Die Bindungsenergie der Atomkerne wird jetzt entsprechend auf einen Hauptbeitrag und „Korrekturterme" aufgeteilt. Da für Atomkerne mit ausreichend großer Massenzahl A das Volumen proportional zu A ist (s. Kap. 1.3.2), bedeutet die Konstanz von $E_\mathrm{B}(A)/A$, daß die Bindungsenergie der Atomkerne näherungsweise proportional zu ihrem Volumen ist. Analog zur Kondensationswärme der Flüssigkeitstropfen kann man als Hauptbeitrag zur Bindungsenergie eine Volumenenergie annehmen, die sich wegen $V \propto A$ in der Form

$$(2.4) \qquad E_1 = a_V V$$

schreiben läßt. Die nur „einseitig" – und somit weniger stark – gebundenen Nukleonen an der Kernoberfläche werden durch einen zur Oberfläche proportionalen Term berücksichtigt, der wegen $R \propto A^{1/3}$ (R: Kernradius) die Form

$$(2.5) \qquad E_2 = -a_O A^{2/3}$$

hat und *Oberflächenenergie* genannt wird. Mit diesen beiden Termen ist der Einfluß der kurzreichweitigen Kernkraft auf die Bindungsenergie im Rahmen dieses Modells erfaßt. Der anziehenden Kernkraft wirkt die abstoßende COULOMBkraft zwischen den Protonen entgegen. Die COULOMB*energie* der Protonen vermindert also die Bindungsenergie und muß wie die Oberflächenenergie von der Volumenenergie subtrahiert werden. Die COULOMBenergie einer homogen geladenen Kugel mit dem Radius R und der Ladung q ist proportional zu q^2/R. Denkt man sich die Ladungen der Protonen gleichmäßig über das Kernvolumen verteilt, so kann mit $q = Ze$ und $R \propto A^{1/3}$ für die hier negativ gerechnete COULOMBenergie E_3 eines Atomkerns der Ladungszahl Z und Massenzahl A

(2.6) $$E_3 = -a_C Z^2 A^{-1/3}$$

angesetzt werden.

Die experimentelle Bestimmung von Bindungsenergien verschiedener Nuklide zeigt aber, daß die (A,Z)-Abhängigkeit der Bindungsenergie durch $E_1 + E_2 + E_3$ mit den hier abgeleiteten Termen noch nicht ausreichend beschrieben wird. Es müssen noch zwei weitere Terme berücksichtigt werden, die allerdings nicht mehr durch das Tröpfchenmodell, sondern erst durch ein quantenmechanisches Modell (FERMIgas-Modell) erklärt werden können. Sie werden an dieser Stelle nur kurz erläutert.

Ein Blick auf Bild 2.4 (S. 58) zeigt, daß es so gut wie keine stabilen Nuklide mit $Z > N$ gibt, und daß sogar – wie bereits in Kap. 2.2.1 angesprochen – mit steigender Massenzahl der Neutronenüberschuß zunimmt. Dieser Neutronenüberschuß ist einerseits notwendig für die Stabilität der Kerne, andererseits zeigt uns aber die Quantenmechanik (s. „FERMIgas-Modell" in Kap. 3.2), daß zu viele Neutronen die Bindung lockern. Eine Asymmetrie in der Anzahl der Protonen und Neutronen wirkt sich – ohne Berücksichtigung der COULOMBkraft – so aus, daß die Bindungsenergie gegenüber einem symmetrischen Kern geringer ist. Diese Energiedifferenz wird durch einen Asymmetrieterm berücksichtigt, der im Unterschied zu den bisher besprochenen Anteilen der Bindungsenergie eine rein quantenmechanische Begründung hat und für den der Ansatz lautet:

(2.7) $$E_4 = -a_A \frac{(Z - N)^2}{A} = -a_A \frac{(2Z - A)^2}{A}.$$

Das Quadrat im Zähler bringt zum Ausdruck, daß dieser Asymmetrieterm mit gleichem Vorzeichen sowohl bei Neutronenüberschuß als auch bei Protonenüberschuß (theoretisch) auftritt; beide Teilchenarten werden quantenmechanisch in gleicher Weise behandelt. Bei gegebener Differenz $|Z - N|$ ist der Beitrag der Überschußteilchen um so kleiner, je größer die Gesamtzahl der Nukleonen ist, daher das A im Nenner.

Aus systematischen Untersuchungen der Bindungsenergien einzelner Nukleonen weiß man ferner, daß die Nukleonen in Kernen mit gerader Protonen- oder Neutronenzahl fester gebunden sind als in Kernen mit ungeradem Z oder N. Dies führt zur empirischen Einführung einer *Paarungsenergie*. Wenn sowohl Z als auch N gerade sind („gg-Kerne"), ergibt sich eine besonders hohe, wenn Z und N beide ungerade sind („uu-Kerne"), eine besonders niedrige Bindungsenergie. Für diesen 5. Beitrag wird der empirische Ansatz gemacht:

(2.8) $$E_5 = \delta a_P A^{-1/2} \quad \text{mit} \quad \delta = \begin{cases} +1 & \text{für gg-Kerne} \\ 0 & \text{für ug-Kerne} \\ -1 & \text{für uu-Kerne} \end{cases}.$$

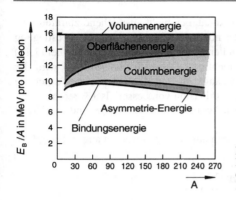

Bild 2.7
Beiträge zur Bindungsenergie nach dem Tröpfchenmodell (nach MAYER-KUCKUK 1984)

Der Ursprung der Paarungsenergie ist ebenfalls quantenmechanischer Natur. Er rührt von der Neigung gleicher Teilchen her, die Drehimpulse paarweise antiparallel auszurichten, so daß der gesamte Drehimpuls sich zu Null addiert. Diese Drehimpuls-Konfiguration ist energetisch am günstigsten.

Damit lautet der Ansatz für die Bindungsenergie als Funktion von Z und A ingesamt:

(2.9)
$$E_{\mathrm{B}}(A,Z) = a_V A - a_O A^{2/3} - a_{\mathrm{C}} \frac{Z^2}{A^{1/3}} - a_{\mathrm{A}} \frac{(2Z-A)^2}{A} + \delta a_{\mathrm{P}} A^{-1/2}.$$

Die Konstanten a_V, a_O, a_{C}, a_{A} und a_{P} müssen empirisch ermittelt werden. Dies geschieht durch Massenbestimmungen. Dazu schreiben wir die Kernmassen nach Gl. (2.1) in der Form

$$m(A,Z) = Z m_{\mathrm{p}} + N m_{\mathrm{n}} - \frac{E_{\mathrm{B}}}{c^2}$$

und setzen nach Gl. (2.9) E_{B} ein. Mit $\overline{a_\nu} = a_\nu/c^2$ ($\nu = $ V,O,C,A,P) erhalten wir die sog. WEIZSÄCKER*sche Massenformel*:

$$\begin{aligned} m(A,Z) &= Z m_{\mathrm{p}} + (A-Z)m_{\mathrm{n}} - \overline{a_V} A + \overline{a_O} A^{2/3} + \\ &\quad + \overline{a_{\mathrm{C}}} Z^2 A^{-1/3} + \overline{a_{\mathrm{A}}} \frac{(2Z-A)^2}{A} - \delta \overline{a_{\mathrm{P}}} A^{-1/2}. \end{aligned}$$
(2.10)

Zur Bestimmung der Konstanten würde im Prinzip ein Satz von fünf Kernmassen genügen. In Wirklichkeit hat man hierzu sehr viele Massenbestimmungen herangezogen, um die Gültigkeit dieser Formel experimentell abzusichern. Würden verschiedene Massensätze stark unterschiedliche Werte der Konstanten ergeben, dann wäre dies natürlich ein Hinweis darauf, daß die Formel

und damit die zugrundeliegenden Annahmen nicht ausreichend zuträfen. Die
Formel ließe sich dann nicht (oder nur eingeschränkt) durch eine Festlegung
der Konstanten an die experimentellen Daten anpassen. Für die Formel (2.10)
gelang diese Anpassung jedoch recht gut. Oberhalb von $A = 40$ wird der
Verlauf der durch eine glatte Kurve angenäherten Kernmassenwerte durch die
empirische Massenformel mit einer Präzision von besser als 1% reproduziert.
Die zugrundeliegenden Annahmen können somit als weitgehend zutreffend
angesehen werden.

Als Werte der Konstanten (bezogen auf Gl. (2.9)) werden angegeben (HESE
in BERGMANN/SCHAEFER 1980):

$$a_V = 15,56 \text{ MeV} \qquad a_O = 17,23 \text{ MeV} \qquad a_C = 0,72 \text{ MeV}$$
$$a_A = 23,29 \text{ MeV} \qquad a_P = 12 \text{ MeV}$$

In Bild 2.7 sind die Beiträge der ersten 4 Terme aus Gl. (2.9) $E_1, \ldots, E_4$
zu E_B/A skizziert. Man erkennt, daß die Abnahme des Beitrages der Oberflächenenergie mit zunehmender Massenzahl und die Zunahme des Beitrages
der COULOMBenergie zu einem Maximum von E_B/A bei $A \approx 65$ führen.

Aus der Massenformel lassen sich eine Reihe von Gesetzmäßigkeiten herlei-
ten, auf die wir z.T. noch eingehen werden. Sie – bzw. Gl. (2.9) – läßt auch eine
Abschätzung der Energie zu, die bei der Spaltung schwerer Kerne frei wird.

3 Der Atomkern als dynamisches System

Bei der bisherigen Diskussion des Aufbaus der Atomkerne und der Kraft- und Energieverhältnisse im Atomkern haben wir uns wenig um die Beschreibung des Kerns als dynamisches System, d.h. als ein System vieler Nukleonen, zwischen denen Wechselwirkungen bestehen, gekümmert. Dies soll jetzt nachgeholt werden.

Genauere Untersuchungen der Bindungsenergie einzelner Nukleonen deuten darauf hin, daß in den Atomkernen die einzelnen Nukleonen analog den Hüllenelektronen verschiedene diskrete Energieniveaus besetzen. Während sich jedoch die Hüllenelektronen in erster Näherung unabhängig voneinander in einem Zentralkraftfeld bewegen, resultiert die Kraft auf die einzelnen Nukleonen aus deren gegenseitiger Wechselwirkung. Trotz dieses großen Unterschiedes liefern auch hier Modelle, die zunächst von einer voneinander unabhängigen Bewegung der einzelnen Nukleonen in einem mittleren Potential ausgehen, je nach Verfeinerung mehr oder weniger zutreffende Beschreibungen der experimentellen Befunde. Zwei dieser Modelle – das FERMIgas-Modell und das Schalenmodell – werden in ihren wesentlichen Zügen vorgestellt. Das Schalenmodell erklärt auch einige angeregte Zustände von Atomkernen; andere jedoch können nur mittels gemeinsamer Anregung vieler Nukleonen verstanden werden. Darauf geht das Kapitel „Kollektive Anregungszustände" kurz ein.

3.1 Experimentelle Befunde

Aus Bild 2.6 (S. 63) kann man entnehmen, daß die mittlere Bindungsenergie je Nukleon bei kleinen Massenzahlen von Nuklid zu Nuklid starke Sprünge aufweist. Diese Schwankungen lassen vermuten, daß die *Zusammensetzung* des Kerns einen Einfluß auf die mittlere Bindungsenergie hat, sagen aber noch nichts über die Bindungsenergie *einzelner* Nukleonen aus, die jetzt betrachtet werden soll.

Durch Beschuß von Atomkernen mit hochenergetischen Nukleonen (MeV-Bereich) lassen sich z.B. einzelne Neutronen aus den Kernen herausschlagen. Genaue Energiemessungen geben Aufschluß über die Bindungsenergie des herausgelösten Neutrons. Entsprechende Untersuchungen wurden an vielen Nukliden durchgeführt. Die Ergebnisse zeigen, daß die Neutronen eines

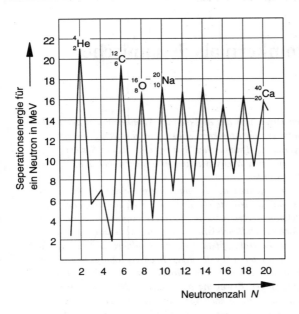

Bild 3.1 Separationsenergie des am schwächsten gebundenen Neutrons in Abhängigkeit von der Neutronenzahl für einige leichte Nuklide (The Open University: Science Foundation Course, Unit 31/ The Nucleus of the Atom. Copyright ©1971. The Open University Press)

Atomkerns verschieden stark gebunden sind und daß die Bindungsenergie des am schwächsten gebundenen Neutrons – die man auch als *Separationsenergie* dieses Neutrons bezeichnet – von Nuklid zu Nuklid starken Schwankungen unterworfen ist. Aus Bild 3.1 kann man entnehmen, daß die Separationsenergie eines Neutrons bei gerader Neutronenzahl N größer als bei den dort eingetragenen „benachbarten" Nukliden mit ungerader Neutronenzahl ist. (Dieser Beobachtung wurde in Kap. 2.3 bereits mit der Einführung einer Paarungsenergie (Gl. (2.8)) als Anteil der Gesamtbindungsenergie eines Kerns Rechnung getragen.) Analoge Ergebnisse gibt es für die Separationsenergien der am schwächsten gebundenen Protonen.

Das „atomphysikalische Analogon" zur hier betrachteten Separationsenergie eines Neutrons (oder Protons) ist die Bindungsenergie des am schwächsten gebundenen Elektrons der Atomhülle, kurz als Ionisierungsenergie bezeichnet. Sie hängt in charakteristischer Weise von der Kernladungszahl (Ordnungszahl) ab (s. Bild 3.2). Ins Auge fallen hier vor allem die Maxima der Ionisierungsenergie bei $Z = 2, 10, 18, \ldots$, auf die große Absenkungen folgen. Diese

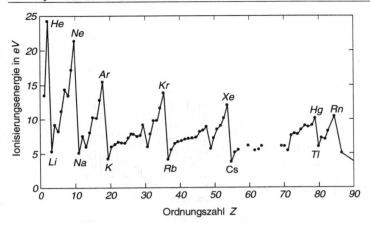

Bild 3.2 Ionisierungsenergie der Elemente als Funktion der Ordnungszahl (ALONSO/FINN 1973)

Maxima mit den anschließenden Sprüngen gehören zu den besonders stabilen Elektronenkonfigurationen der Edelgase.

Obwohl die Verhältnisse bei Atomkernen wegen der zwei Teilchenarten komplizierter sind, findet man auch hier Nukleonenzahlen, die zumindest durch eine ähnlich auffällige Änderung der Separationsenergie ausgezeichnet sind. Untersucht man z.B. bei fester Neutronenzahl die Z-Abhängigkeit der Separationsenergie für das letzte Proton in der Umgebung von $Z = 82$, so stellt man außer den bereits erwähnten Schwankungen von geradem zu ungeradem Z fest, daß die Separationsenergie bei $Z = 82$ ein Maximum hat und zu größeren Protonzahlen hin deutlich absinkt. Solche Sprünge werden sowohl bei den Protonenzahlen 2, 8, 20, 28, 50, 82 als auch bei den gleichen Neutronenzahlen sowie bei $N = 126$ (hier jeweils für die Separationsenergie eines Neutrons) beobachtet. Auch wenn hier die Maxima nicht so ausgeprägt sind wie im Falle der Ionisierungsenergie bei den Edelgasen, sind die zugehörigen Nuklide im Vergleich zu benachbarten doch besonders stabil. Die Nukleonenzahlen 2, 8, 20, 28, 50, 82 und 126 werden als *„magische" Nukleonenzahlen* bezeichnet. Einige dieser Zahlen zeichnen sich auch dadurch aus, daß vergleichsweise viele stabile (jetzt im Sinne von nicht zerfallenden) oder sehr langlebige Nuklide mit $Z \in \{20,50,82\}$ oder $N \in \{20,28,50,82\}$ existieren, wie in Bild 3.3 zu erkennen ist.

Dieser Abbildung kann man neben der Auszeichnung der genannten Zahlen auch entnehmen, daß es zu ungeraden Nukleonenzahlen offenbar weniger stabile Nuklide gibt als zu geraden Zahlen. Tatsächlich haben von den stabilen

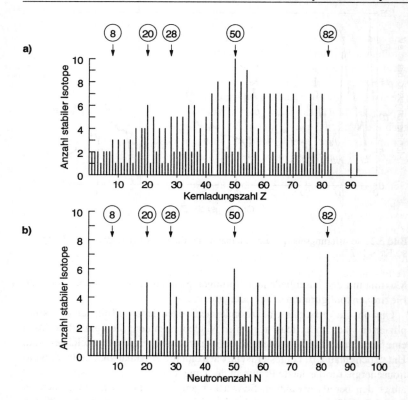

Bild 3.3 Anzahl der stabilen Nuklide als Funktion a) der Kernladungszahl, b) der Neutronenzahl (nach ALONSO/FINN 1973). Isotone: Nuklide mit gleicher Neutronenzahl

Nukliden und denjenigen mit sehr langer Lebensdauer nahezu 60% „gg-Kerne" (Z gerade, N gerade). Dagegen gibt es nur 4 stabile Nuklide mit „uu-Kernen" (Z ungerade, N ungerade), nämlich die leichtest möglichen Kerne dieser Art ($_1^2$H, $_3^6$Li, $_5^{10}$B und $_7^{14}$N), für die ferner $Z = N$ gilt.

Die Parallelität zwischen Atomhülle und -kern geht über die Schwankungen der Bindungsenergien mit der Nukleonenzahl noch hinaus. Energetisch angeregte Atome kehren nach sehr kurzer Zeit durch Emission eines oder mehrerer Photonen in den Grundzustand zurück. Die Messung der beobachtbaren Photonenenergien, welche jeweils der Differenz der Energiewerte zweier Energieniveaus entsprechen, gestattet, ein Energie-Termschema des Atoms aufzustellen.

Bei Kernreaktionsexperimenten beobachtet man nach dem Zusammenstoß

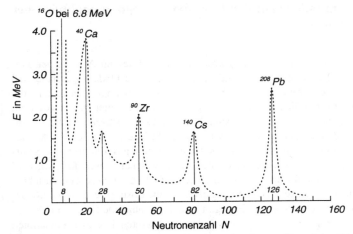

Bild 3.4 Energie des ersten angeregten Zustandes für „gg-Kerne" in Abhängigkeit von der Neutronenzahl (ALONSO/FINN 1973)

Energiewerte, die nach einer Anregung der Atomhülle auftreten. Man nennt diese Photonenstrahlung mit Energien im MeV-Bereich und höher ($> 0{,}2$ MeV) *γ-Strahlung* (Gamma-Strahlung). Ihr Auftreten läßt sich folgendermaßen deuten: Durch inelastischen Zusammenstoß der Geschoßteilchen mit dem Kern geben diese einen Teil ihrer Energie an den Kern ab, der seinerseits in einem angeregten Zustand für äußerst kurze Zeit zurückbleibt. Die Anregungsenergie wird dann durch Emission von Gammaquanten wieder abgegeben. Das diskrete Spektrum der beobachteten Kern-$γ$-Strahlung läßt auf *diskrete Energie-Niveaus* im Atomkern schließen – ähnlich wie bei der Atomhülle und den entsprechenden Spektren.

Als Abschluß der experimentellen Befunde an dieser Stelle ist in Bild 3.4 die Anregungsenergie des ersten angeregten Zustandes von „gg-Kernen" (gerades N, gerades Z) als Funktion der Neutronenzahl aufgetragen. Die Maxima der Kurve gehören zu „magischen" Neutronenzahlen. Auch dies läßt – ebenso wie die Befunde zur Separationsenergie – vermuten, daß bei den „magischen" Nukleonenzahlen ein Analogon zu den „abgeschlossenen Schalen" der Atomhülle vorliegt.

3.2 Kernmodelle auf der Basis der Bewegung unabhängiger Teilchen

Die beschriebenen Ähnlichkeiten zwischen Atomhülle und Atomkernen hinsichtlich der Bindungsenergien und der angeregten Zustände legen nahe, daß man sich bei der Entwicklung von Kernmodellen an Überlegungen anlehnt, die im Fall der Atomhülle zum Erfolg führten. Diese werden hier kurz wiederholt.

Die Elektronen der Atomhülle sind durch die COULOMBkraft an den Atomkern gebunden. In der Atomphysik ist das einfachste System dieser Art das Wasserstoffatom. In ihm befindet sich nur ein einziges Elektron im Kraftfeld des Atomkerns, und die anziehende Kraft zwischen diesen Teilchen wird durch das für punktförmige Ladungen geltende COULOMB-Gesetz beschrieben. Die quantenmechanische Betrachtung erfordert die Lösung der SCHRÖDINGER-Gleichung für dieses System. Sie ergibt, daß das gebundene Elektron im COULOMBfeld nur ganz bestimmte Zustände mit diskreten Energien einnehmen kann. In die SCHRÖDINGER-Gleichung geht nun nicht explizit die Kraft, sondern die daraus resultierende potentielle Energie $V(r)$ des Elektrons ein. Sie ist hier proportional zu $-1/r$, wenn r die Entfernung vom Kern bezeichnet. Der zugehörige Graph hat den bekannten trichterförmigen Verlauf und ist eines der bekannten Beispiele für einen „Potentialtopf".

Bei einem Atom mit mehreren Elektronen sind die Verhältnisse zunächst einmal komplizierter als beim Wasserstoffatom. Zu der Wechselwirkung zwischen dem Atomkern als Kraftzentrum und den Elektronen kommt hier noch die Wechselwirkung der Elektronen untereinander hinzu. Jedes Elektron bewegt sich in einem Kraftfeld, das aus der Überlagerung des COULOMBfeldes des Kerns mit den COULOMBfeldern der anderen Elektronen entsteht. Die potentielle Energie eines Elektrons in diesem System hängt dann nicht nur von seiner Entfernung vom Kern, sondern auch von seiner relativen Lage zu allen anderen Elektronen ab. Die SCHRÖDINGER-Gleichung für dieses Vielteilchensystem ist nicht lösbar. Man versucht deshalb, den auf der Elektronen-Wechselwirkung beruhenden Anteil der potentiellen Energie eines Elektrons *näherungsweise* durch ein *mittleres Potential* zu berücksichtigen, das nur von seinem Abstand vom Kernmittelpunkt, aber nicht mehr von seiner relativen Lage zu den anderen Hüllenelektronen abhängt. Dies bedeutet, daß man die Elektronen als Teilchen betrachtet, die sich unabhängig voneinander in einem nun modifizierten COULOMB-Potential bewegen. Formal hat diese Näherung zur Folge, daß die SCHRÖDINGER-Gleichung des Vielteilchensystems in Gleichungen für die einzelnen Elektronen zerfällt und das Problem analog zum Wasserstoffatom behandelt werden kann.

Jeder aus der Lösung dieser Gleichungen erhaltene Elektronenzustand ist wie

		Energieniveaus	Besetzungszahlen der einzelnen Niveaus $2 \cdot (2l+1)$	Gesamtzahl der Elektronen bei voller Besetzung aller tieferliegenden Niveaus
n	l			
7	1	7p	6	
6	2	6d	10	
5	3	5f	14	
7	0	7s	2	
6	1	6p	6	86
5	2	5d	10	
4	3	4f	14	
6	0	6s	2	
5	1	5p	6	54
4	2	4d	10	
5	0	5s	2	
4	1	4p	6	36
3	2	3d	10	
4	0	4s	2	
3	1	3p	6	18
3	0	3s	2	
2	1	2p	6	10
2	0	2s	2	
1	0	1s	2	2

Energieniveaus und deren Besetzung in der Atomhülle

Bild 3.5 Zur Schalenstruktur der Atomhülle: Energieniveaufolge für das letzte einge-baute Elektron der Atomhülle (qualitativ). (Nomenklatur der Niveaubezeichnung wie in der Atomphysik)

beim Wasserstoffatom durch die Quantenzahlen n, l, m_l, und m_s, gekennzeich-net. Die Energieeigenwerte hängen bei Atomen mit höheren Kernladungszahlen von der Hauptquantenzahl n und von der Drehimpulsquantenzahl l ab. Jedes der durch n und l bestimmten Energieniveaus kann aufgrund der vorliegen-den Entartung und unter Berücksichtigung des PAULI-Prinzips mit maximal $2(2l + 1)$ Elektronen besetzt werden. Mit wachsender Kernladungszahl beset-zen die jeweils zuletzt „eingebauten" Elektronen im Grundzustand sukzessive die Zustände, die zum jeweils niedrigsten, noch nicht voll besetzten Energie-niveau gehören. Bei gleichem n liegen die Niveaus mit kleinem l tiefer als die mit größerem l. Diese Aufspaltung führt zu der in Bild 3.5 gekennzeich-neten Reihenfolge und der dort angedeuteten Gruppierung der Energieniveaus für die Besetzung durch die „letzten" Elektronen. Die jeweils nahe beieinander liegenden Niveaus werden als Schalen bezeichnet. Ist eine solche Schale gerade voll besetzt, dann liegt eine besonders stabile Elektronenkonfiguration vor. Die ganz rechts angegebenen Elektronenzahlen, bei denen ein Schalenabschluß erreicht wird, sind gerade die Kernladungszahlen der Edelgase, und die Schalenabschlüsse korrespondieren mit den großen Maxima der Ionisierungs-energiekurve in Bild 3.2. Ein nach einem Schalenabschluß in das nächsthöhere Niveau eingebautes Elektron ist jeweils deutlich schwächer gebunden. Dieses Schalenmodell gibt also (u.a.) die charakteristischen Schwankungen der Ionisierungsenergie mit der Kernladungszahl richtig wieder.

Die in Kap. 3.1 geschilderten experimentellen Befunde für Atomkerne deuten darauf hin, daß sich in ihnen auch die Nukleonen – ähnlich wie die Elektronen der Atomhülle – in einem „Potentialtopf" bewegen. Diese Erkenntnis verblüfft auf den ersten Blick, da anders als für die Hüllenelektronen im Atomkern kein Zentrum einer anziehenden Kraft für die Nukleonen existiert, das Ursache eines „Potentialtopfes" sein könnte. Die resultierende Kraft auf ein Nukleon entsteht durch Überlagerung der Wechselwirkungen mit allen anderen Nukleonen. Man kann näherungsweise annehmen, daß sich die Kraftfelder der einzelnen Nukleonen so überlagern, daß sich als Summe ein vom Kernmittelpunkt ausgehendes „mittleres" Kraftfeld herausbildet, in dem sich jedes Nukleon unabhängig von den anderen bewegt. Vernachlässigt man zunächst einmal die COULOMB-Wechselwirkung zwischen den Protonen und betrachtet nur die anziehenden Kräfte zwischen den Nukleonen, so ist wegen der kurzen Reichweite dieser Kräfte die Wirkung dieses Feldes ungefähr auf das Volumen des Kerns beschränkt. Befindet sich ein Nukleon außerhalb des Kerns, so ist seine potentielle Energie konstant und kann dort gleich Null gesetzt werden. Im Bereich der anziehenden Kraft ist sie abgesenkt, so daß sich über den Bereich des Atomkerns ein „Potentialtopf" für das Nukleon erstreckt, innerhalb dessen seine potentielle Energie aufgrund der Näherung nur von der Entfernung vom Kernmittelpunkt abhängen sollte.

Da nun im Gegensatz zu den Hüllenelektronen die Gesetzmäßigkeit für die Wechselwirkung der Nukleonen untereinander nicht bekannt ist, ist auch das angenommene, mittlere Potential $V(r)$ eines Nukleons im Kern nicht bekannt. Man kann zunächst nur annehmen, daß die resultierende Kraft auf ein Nukleon am Kernmittelpunkt Null ist und das Potential deshalb in seiner Umgebung annähernd konstant ist, während es zum Kernrand hin auf Null ansteigt[1]. Ein solches Verhalten zeigt das durch die FERMI-Funktion beschriebene sog. WOODS-SAXON-Potential (Bild 3.6) mit

---

[1] Erläuterungen zum Zusammenhang von Kraft und Potential enthält die Legende zu Bild 2.3, S. 57.

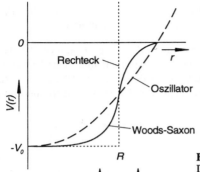

Bild 3.6
Die drei am häufigsten verwendeten Kern-
potentialformen (MAYER-KUCKUK 1984)

$$V(r) = -\frac{V_0}{1 + e^{\frac{r-R}{a}}}.$$

wobei R der Kern(kraft)radius, V_0 die Tiefe des Potentialtopfes und a ein Maß
für die Randunschärfe ist.

Bis auf das Vorzeichen gleicht diese Funktion übrigens jener für die
Ladungsdichteverteilung im Atomkern, die Sie in Kap. 1.2.2 kennengelernt
haben (s. Bild 1.17, S. 33). Ganz analog wie die Elektronenstreuung zur Ermittlung von Ladungsdichteverteilungen verwendet wird, kann man mittels
Neutronenstreuung Aufschlüsse über den Verlauf des Kernpotentials erhalten, indem man versucht, die differentiellen Wirkungsquerschnitte, die man
gemessen hat, theoretisch mittels Annahmen über das Potential zu reprodu-
zieren.

Da sich die Lösungen der SCHRÖDINGER-Gleichung für das WOODS-SAXON-
Potential nicht in geschlossener Form angeben lassen, verwendet man für viele
Betrachtungen als Näherungen dafür das Rechteck-Potential und das Potential
des harmonischen Oszillators.

Wir wollen hier nun nicht die SCHRÖDINGER-Gleichung für die verschiedenen
Potentiale lösen[2], sondern nur die wesentlichen Züge zweier Modelle vorstellen,
denen die Annahme der unabhängigen Bewegung der Nukleonen zugrunde
liegt:

---

[2] Bei weitergehendem Interesse finden Sie Lösungsansätze, -verfahren sowie die zugehörigen
Ergebnisse in Lehrbüchern wie z.B.:
HESE, A.: Kernphysik. In: BERGMANN/SCHAEFER: Lehrbuch der Experimentalphysik. Band
IV, Teil 2. Aufbau der Materie. Herausgegeben von H. GOBRECHT. 2. Aufl. Berlin, New
York: de Gruyter 1980.
KAMKE, D.: Einführung in die Kernphysik. Braunschweig, Wiesbaden: Vieweg 1979.
MAYER-KUCKUK, T.: Kernphysik. 4. Aufl. Stuttgart: Teubner 1984.

1. das auf besonders einfachen Näherungen beruhende FERMIgas-Modell, das eine Abschätzung der Tiefe des Potentialtopfs zuläßt und

2. das Schalenmodell, das unter Verwendung der oben genannten Potentiale zu Aussagen über die Nukleonenzustände führt und unter Berücksichtigung der Spin-Bahn-Wechselwirkung die „magischen" Zahlen der Atomkerne richtig wiedergibt (und auch zu richtigen Aussagen über die Kerndrehimpulse führt).

3.2.1   Das Fermigas-Modell

Unter einem FERMIgas versteht man ein System aus (i.a. vielen) Spin-1/2-Teilchen , die sich ohne Wechselwirkung innerhalb eines umgrenzten Raumes frei bewegen[3]. Nimmt man nun an, daß die Nukleonen eines Atomkerns sich in einem Rechteck-Potential der Tiefe V_0 bewegen, so kann man – da Protonen und Neutronen beide Spin-1/2-Teilchen sind – den Atomkern als Gemisch zweier FERMIgase auffassen. Für ein solches System lassen sich mittels weiterer Näherungen auf recht einfache Weise die Anzahl der Zustände der Nukleonen in Abhängigkeit von der Energie und die Energie E_F (FERMI-Energie) des obersten im Grundzustand besetzten Niveaus ermitteln. Im Grundzustand eines FERMIgases werden die Energieniveaus so besetzt, daß unter Beachtung des PAULI-Prinzips die Gesamtenergie minimal wird.

Beim Atomkern ist das PAULI-Prinzip jeweils getrennt auf die beiden Nukleonensorten anzuwenden, da Protonen und Neutronen unterscheidbare Teilchen sind. Jedes Energieniveau wird mit maximal zwei Teilchen jeder Sorte besetzt. Im rechten Teil von Bild 3.7 ist der Potentialtopf für die Neutronen zusammen mit den – nur qualitativ angedeuteten – Energieniveaus und deren Besetzung skizziert. Die Bindungsenergie eines Neutrons ist in dieser Darstellung als Energiedifferenz zwischen seinem Energieniveau und der Null-Linie abzulesen. Ein ähnliches Bild ergibt sich für die Protonen. Allerdings ist zu berücksichtigen, daß sie noch der abstoßenden COULOMB-Wechselwirkung unterliegen. Dies verringert etwas ihre Bindungsenergie und hebt den „Boden" des Potentialtopfes an. Der linke Teil von Bild 3.7 enthält den für die Protonen modifizierten Potentialverlauf und die entsprechenden, etwas nach oben verschobenen Niveaus.

Bei Kernen mit kleiner Protonenzahl sind die Protonen- und Neutronenniveaus allerdings kaum gegeneinander verschoben. Dann ist die Gesamtenergie eines Kerns für den Fall am geringsten, in dem die Niveaus für beide Nukleonensorten bis zur gleichen Höhe besetzt sind, wenn also $N \approx Z$ ist. Das

---

[3] Dieses Modell wird auch zur Beschreibung der Leitungselektronen in einem Metall verwendet.

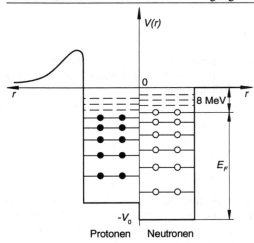

Bild 3.7
Potentialverlauf und Grund-
zustand eines Atomkerns im
FERMIgas-Modell

FERMIgas-Modell liefert so eine anschauliche Erklärung dafür, weshalb bei leichten Kernen annähernd gleiche Protonen- und Neutronenzahlen vorliegen.

Daß dagegen bei größeren Kernladungszahlen in stabilen Nukliden stets die Neutronen überwiegen, läßt sich aber auch mit diesem Modell in Einklang bringen. Die jeweils höchsten durch Protonen und Neutronen besetzten Niveaus müssen auch hier annähernd gleich hoch liegen. Gäbe es nämlich z.B. ein unbesetztes Protonenniveau unterhalb eines besetzten Neutronenniveaus, so könnte sich – wie später ausgeführt wird – ein Neutron durch β^--Zerfall in ein Proton umwandeln und der Kern so in einen energetisch niedrigeren Zustand übergehen. Wäre andererseits ein Neutronenniveau unterhalb eines besetzten Protonenniveaus frei, wäre die Umwandlung eines Protons in ein Neutron durch β^+-Zerfall möglich. Da bei großer Kernladungszahl der Potentialtopf für die Protonen stark angehoben ist, lassen sich in ihm bis zur Besetzungsgrenze aber nur weniger Protonenniveaus unterbringen, als es Neutronenniveaus unterhalb dieser Grenze gibt.

Wie tief ist das Kernpotential? Das FERMIgas-Modell liefert einen Zusammenhang zwischen der FERMI-Energie E_F des höchsten besetzten Niveaus, der Teilchendichte ρ und der Masse m der Nukleonen[4]:

---

[4] Zur Herleitung der FERMI-Energie s. z.B.:
   BERGMANN/SCHAEFER: Lehrbuch der Experimentalphysik. Band IV, Teil 2. Aufbau der Materie. Herausgegeben von H. GOBRECHT. 2. Aufl. Berlin, New York: de Gruyter 1980, S. 1267–1274.
   MAYER-KUCKUK, T.: Kernphysik. 4. Aufl. Stuttgart: Teubner 1984, S. 41-49.

$$E_\mathrm{F} = \frac{h^2}{8m} \left(\frac{3}{\pi}\rho\right)^{2/3}.$$

Für das FERMIgas der Neutronen erhalten wir für einen Atomkern mit dem Radius $R = R_0 A^{1/3}$ ($R_0 \approx 1{,}4 \cdot 10^{-15}$ m, Kernkraft-Radius) und mit einer typischen Neutronenzahl $N = 0{,}6A$ die Dichte

$$\rho_\mathrm{n} = \frac{N}{\frac{4}{3}\pi R^3} = \frac{0{,}6}{\frac{4}{3}\pi R_0^3}.$$

Damit ergibt sich die FERMI-Energie

$$E_\mathrm{F} \approx 38 \text{ MeV}.$$

Die Tiefe des Potentials V_0 muß also mindestens diesen Wert haben, damit in ihm die Neutronen mit der FERMI-Energie E_F noch gebunden sind. Berücksichtigt man noch, daß das „letzte" Nukleon mit etwa 8 MeV gebunden ist, so erhält man hier aus dem sehr groben dynamischen FERMIgas-Modell des Atomkerns 46 MeV für die Tiefe des Potentialtopfs.

Das FERMIgas-Modell liefert ferner auch eine (teilweise) Begründung dafür, daß stabile Nuklide bevorzugt gerade Protonen- und/oder Neutronenzahlen aufweisen (s. Aufgabe 3.1). Zur Erklärung der stark mit der Protonen- oder Neutronenzahl veränderlichen Eigenschaften der Atomkerne oder z. B. der „magischen Zahlen" reicht es jedoch nicht aus. Dazu müssen die möglichen Zustände der Nukleonen genauer betrachtet werden.

Aufgabe 3.1 *Versuchen Sie, im Rahmen des hier betrachteten Modells des Atomkerns zu begründen, weshalb es nur so wenige stabile Nuklide mit „uu-Kernen" gibt.*

3.2.2 Das Schalenmodell

Löst man die SCHRÖDINGER-Gleichung für ein Teilchen in einem dreidimensionalen (kugelsymmetrischen) Rechteck-Potential, so erhält man eine Folge von Energieeigenwerten $E_{n,l}$, die durch die Drehimpulsquantenzahl l und die radiale Quantenzahl n festgelegt sind. Für Spin-1/2-Teilchen sind diese Niveaus $2(2l + 1)$fach entartet, d.h. jedes kann mit $2(2l + 1)$ Nukleonen einer Sorte entsprechend den $2l + 1$ zugehörigen Werten der magnetischen Quantenzahl m, und den beiden Einstellungen des Spins besetzt werden. Zwischen den verschiedenen berechneten Niveaus gibt es unterschiedlich große Abstände (s. Bild 3.8 links, S. 81). Würde diese Niveaufolge mit den experimentellen Beobachtungen zur Abhängigkeit der Separationsenergie oder der Energie des ersten Anregungszustandes von den Nukleonenzahlen wenigstens in groben

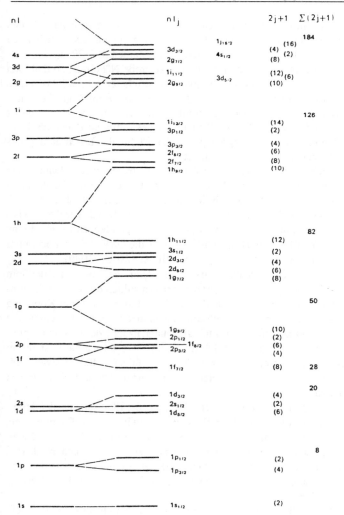

Bild 3.8 Ein-Teilchen-Niveaus im Rechteck-Potential (links) und ihre Aufspaltung bei Berücksichtigung der Spin-Bahn-Kopplung (REID 1972). Die Niveaus werden durch Protonen und Neutronen getrennt jeweils mit der rechts in Klammern angegebenen Maximalzahl von Teilchen besetzt. Ganz rechts sind die Besetzungszahlen für Konfigurationen mit abgeschlossenen Schalen angegeben. Beim Vergleich dieser Abbildung mit Bild 3.5 ist zu beachten, daß hier n die radiale Quantenzahl bezeichnet, während im Fall der Atomhülle mit n die Hauptquantenzahl bezeichnet wird. Schreibt man n_r für die radiale Quantenzahl, dann gilt für Bild 3.5 $n = n_r + l$.

Zügen übereinstimmen, dann müßten die beobachteten „magischen" Zahlen als Gesamtbesetzungszahlen von unterhalb einer größeren Lücke liegenden Niveaus auftreten. Dies trifft hier aber nur für die Zahlen 2, 8, 20 zu.

Nun ist das Rechteck-Potential nur eine sehr grobe Näherung, so daß man zunächst hoffen konnte, durch Verwendung realistischerer, mittlerer Potentiale – z.B. des WOODS-SAXON-Potentials – doch noch eine zutreffende Beschreibung zu erhalten. Diese Hoffnung erfüllte sich nicht, und somit wurde es zweifelhaft, ob die vereinfachende Annahme eines mittleren Potentials $V(r)$ für die Nukleonen im Kern überhaupt als Ansatz für die Beschreibung des Nukleonen-Systems „Atomkern" geeignet sei.

Es zeigte sich dann aber, daß dieser Ansatz beibehalten werden kann, wenn man zusätzlich den Einfluß des Nukleonenspins berücksichtigt. Unabhängig voneinander erkannten 1949 sowohl Maria GOEPPERT-MAYER, als auch J. H. JENSEN, O. HAXEL und H. E. SUESS, daß die beobachtete Schalenstruktur erklärt werden kann, wenn angenommen wird, daß für die Nukleonen im Kern eine *starke Spin-Bahn-Wechselwirkung* existiert, durch die die Energie mitbestimmt wird (GOEPPERT-MAYER 1949, 1950; HAXEL/JENSEN/SUESS 1949).

Da durch die Spin-Bahn-Wechselwirkung der Bahndrehimpuls $\vec{l}$ und der Spin $\vec{s}$ jedes Nukleons gekoppelt werden, ist der daraus resultierende Gesamtdrehimpuls $\vec{j}$ des Nukleons die Größe, von der der Einfluß der Spin-Bahn-Kopplung auf die Energieniveaus abhängt. Nach den quantenmechanischen Regeln für die Vektoraddition von Drehimpulsen kann die Quantenzahl j des Gesamtdrehimpulses die Werte $|l \pm \frac{1}{2}|$ annehmen. Für die Energieniveaus resultiert daraus bei festen n und l eine Aufspaltung in zwei Niveaus (falls $l > 0$), die jeweils mit $2j + 1$ $(j = l \pm \frac{1}{2})$ Nukleonen besetzt werden können. Diese Aufspaltung ist proportional zu l.

Im Unterschied zur Spin-Bahn-Wechselwirkung der Elektronen in der Atomhülle erhöht die nukleonische Spin-Bahn-Wechselwirkung die Energieterme, wenn sich Bahndrehimpuls und Spin des Nukleons antiparallel stellen. Der zu $j = l - \frac{1}{2}$ gehörende Term liegt also höher als der zu $j = l + \frac{1}{2}$ gehörende (bei festem l, n). Die elektronische Spin-Bahn-Wechselwirkung erniedrigt dagegen die Energieniveaus, wenn sich der Drehimpuls und der Spin des Elektrons antiparallel stellen.

In Bild 3.8 ist skizziert, wie sich das Ein-Teilchen-Termschema für ein Rechteck-Potential durch Berücksichtigung der Spin-Bahn-Kopplung verändert. Zur Bezeichnung der Niveaus hat sich in der Kernspektroskopie die gleiche Nomenklatur wie in der Atomhüllenspektroskopie eingebürgert. Es gilt die Zuordnung

Drehimpulsquantenzahl l	0	1	2	3	4	5	6
spektroskopische Bezeichnung	s	p	d	f	g	h	i

Die zugehörige Quantenzahl j des Gesamtdrehimpulses des Nukleons ist als Index angefügt. Das Energieniveau $1d_{5/2}$ kann somit mit $2 \cdot \frac{5}{2} + 1 = 6$ Nukleonen (einer Sorte) besetzt werden. Die Besetzungszahlen der einzelnen Niveaus sind rechts in Bild 3.8 in Klammern aufgeführt.

Man erkennt deutlich die Ausbildung von vergleichsweise eng beieinander liegenden Niveaugruppen, die durch große Zwischenräume voneinander getrennt sind. Die Zahlen ganz rechts geben die Gesamtzahl der Nukleonen bis zur vollen Besetzung jeder dieser Gruppen an. Es sind die *„magischen" Zahlen* 8, 20, 28, 50, 82, 126. Jeweils nach Erreichen einer „magischen" Zahl wird das nächste Nukleon in einen Zustand aufgenommen, in dem es wesentlich schwächer gebunden ist als seine Vorgänger. Bei Berücksichtigung des realistischeren WOODS-SAXON-Potentials verschieben sich die Niveaus in Bild 3.8, ohne jedoch die charakteristische Struktur der Nukleonen-„Schalen" der Abbildung zu verändern.

Das hier skizzierte Schalenmodell ist also geeignet zu erklären, warum bestimmte Neutronen- und Protonenzahlen zu besonders stark gebundenen Atomkernen führen und weshalb z.B. ein zusätzliches Nukleon, welches einem Kern mit einer „magischen" Nukleonenzahl hinzugefügt wird, vergleichsweise schwächer gebunden wird. Damit ist aber noch nicht erwiesen, daß solche Ein-Teilchen-Niveaus, wie sie hier angenommen wurden, auch tatsächlich existieren. Sie lassen sich aber mit Kernreaktionen für viele Fälle nachweisen.

Löst man aus einem Atomkern z.B. durch Beschuß mit Protonen ein Proton aus dem Innern heraus ((p, 2p)-Reaktion), so ist die Differenz der kinetischen Energien der an der Reaktion beteiligten Teilchen vor und nach der Reaktion gleich der Bindungsenergie des herausgelösten Protons. Dies gilt allerdings nur, wenn man annehmen kann, daß keine weiteren Prozesse zwischen den beiden beteiligten Protonen und den anderen Nukleonen des getroffenen Atomkerns stattfinden. Nach dem Schalenmodell wäre dann z.B. für ^{16}O zu erwarten, daß der Wirkungsquerschnitt für diese Reaktion nur für drei diskrete Werte der Bindungsenergie des herausgelösten Protons von Null verschieden ist. Experimentell erhält man für die (p, 2p)-Reaktion bei ^{16}O drei unterschiedlich breite Maxima für den Wirkungsquerschnitt in Abhängigkeit von der gemessenen Bindungsenergie. Diese können in der Reihenfolge zunehmender Bindungsenergie den Protonenzuständen $1p_{1/2}$, $1p_{3/2}$ und $1s_{1/2}$ zugeordnet werden. (Die Verbreiterung der Maxima kann durch Restwechselwirkungen erklärt werden.)

Außer einer Erklärung für die bisher vor allem betrachteten Unregelmäßigkeiten der Separationsenergie kann man aus dem Schalenmodell auch Aussagen über *Kerndrehimpulse* erhalten und in einigen Fällen auch *angeregte Zustände von Atomkernen* erklären. Dabei werden aber auch Grenzen dieses auf stark vereinfachenden Annahmen beruhenden Modells des Atomkerns deutlich.

Der Kerndrehimpuls $\vec{J}$ ist die Vektorsumme aller Drehimpulse $\vec{j}_i$ ($i = 1, \ldots, A$) der einzelnen Nukleonen. Aus dem Schalenmodell folgt, daß der Gesamtdrehimpuls für Kerne mit abgeschlossenen Schalen (bzw. Unterschalen) Null ist. Wenn sich nur ein Nukleon außerhalb einer abgeschlossenen Schale befindet (oder nur eines zu deren Abschluß fehlt), sollte der Kerndrehimpuls mit dem dieses Teilchens übereinstimmen. Beide Vorhersagen bestätigen sich experimentell. Darüber hinaus findet man weitere Regelmäßigkeiten:

- Alle „gg"-Kerne haben im Grundzustand die Drehimpulsquantenzahl Null.

- Bei „gu"- und „ug"-Kernen bestimmt der Drehimpuls $\vec{j}$ des einen „ungeraden" Nukleons allein den Drehimpuls des Kerns, dessen Quantzahl entsprechende halbzahlige Werte j aufweist. Der „Rumpf" verhält sich wie ein „gg"-Kern.

- Der Kerndrehimpuls von „uu"-Kernen beruht auf der Kopplung der Gesamtdrehimpulse der beiden „ungeraden" Nukleonen. Die zugehörige Quantenzahl ist ganzzahlig (aber nicht notwendig die Summe der j-Werte der beiden Nukleonen).

Aus dem Schalenmodell allein können diese Werte nicht eindeutig vorhergesagt werden, da danach verschiedene Kombinationen der Nukleonendrehimpulse innerhalb einer j-Unterschale gleichberechtigt sein sollten. Sie ergeben sich daraus, daß die Nukleonen jeder Sorte innerhalb einer j-Unterschale paarweise ihre Drehimpulse antiparallel ausrichten. Ursache dafür sind „Restwechselwirkungen", durch die Nukleonenpaare besonders fest gebunden werden.

Führt man einem Atomkern von außen Energie zu – z.B durch inelastische Stöße mit schnellen Nukleonen, Elektronen oder Gammaquanten – so geht er in einen angeregten Zustand über. Analog zur Anregung der Atomhülle würde ein angeregter Zustand im Schalenmodell des Kerns bedeuten, daß sich ein Nukleon – oder auch mehrere – in einem höheren, im Grundzustand des Kerns nicht besetzten Zustand befindet. Derartige Ein-Teilchen-Anregungen werden auch tatsächlich beobachtet, vorwiegend bei Kernen, die im Grundzustand nur sehr wenige Nukleonen außerhalb abgeschlossener Schalen besitzen. Sehr viele der gemessenen Anregungsspektren von Atomkernen lassen sich aber im Rahmen des Ein-Teilchen-Schalenmodells, das auf der voneinander unabhängigen Bewegung der Nukleonen in einem mittleren Potential beruht, nicht erklären, sondern nur, wenn man annimmt, daß es auch koordinierte, gemeinsame Bewegungen mehrerer Nukleonen gibt. Man spricht in diesen Fällen von kollektiven Anregungszuständen.

Aufgabe 3.2 *Die Kerndrehimpuls-Quantenzahl J des Nuklids $^{14}_{7}N$ beträgt 1. Deuten Sie an Hand von Bild 3.8 diesen Wert im Schalenmodell.*

1931 erschien von G. GAMOV ein Kernphysik-Lehrbuch, auf dessen erster Seite der Autor ein Kernmodell vorstellt, nach dem der Atomkern aus Protonen und Elektronen aufgebaut ist. Seit Entdeckung des β-Zerfalls (1914) war dieses Modell in Diskussion. Warum ist die Drehimpuls-Quantenzahl $J = 1$ des Stickstoffkerns $^{14}_{7}N$ mit diesem Modell nicht verträglich?

3.3 Kollektive Anregungszustände

Die kollektiven Anregungszustände, die bei Atomkernen beobachtet werden, lassen sich – ähnlich wie Anregungszustände von Molekülen – als Rotations- und Schwingungsbewegungen auffassen. In diesem Kapitel soll kurz beschrieben werden, wie man sie sich vorstellen und ihr Zustandekommen plausibel machen kann.

Außerhalb abgeschlossener Schalen werden die Zustände von Nukleonen in zunehmendem Maße – je weiter sich Z und/oder N von den „magischen" Zahlen entfernen – von der Wechselwirkung dieser „äußeren" Nukleonen mit dem „Rumpfkern" bestimmt, die nicht im mittleren Ein-Teilchen-Potential des Schalenmodells enthalten ist. Unter dem Einfluß dieser „Restwechselwirkung" verlieren die Atomkerne ihre kugelsymmetrische Gestalt und nehmen ellipsoidale Formen an. Ein derart deformierter Kern kann bei Energiezufuhr Rotationsbewegungen ausführen. Dies ist eine mögliche kollektive Anregung eines nicht kugelsymmetrischen Atomkerns.

Man erkennt die Rotationsbewegung am Auftreten typischer Rotationsbanden von γ-Quanten, die einer charakteristischen Folge von Anregungsenergie-Zuständen entsprechen, wie sie aus der Molekülphysik bekannt sind. (Zweiatomige (hantelförmige) Moleküle z.B. rotieren um die beiden senkrecht zur Hantelachse orientierten senkrecht aufeinander stehenden Achsen und emittieren Gruppen von dichtliegenden Spektrallinien; man spricht von Spektralbanden.) Bild 3.9 zeigt eine Rotationsbande, beobachtet am Thulium-Nuklid $^{167}_{69}$Tm. Die Zahlen links geben die Anregungsenergien in keV wieder. Sie sind zum großen Teil deutlich kleiner als die von Ein-Teilchen-Anregungen. Rechts stehen die Drehimpuls-Quantenzahlen. Die Pfeile bezeichnen die gemessenen Gamma-Übergänge (vgl. Kap. 4.6).

Wie bei einem Molekül hängen die Anregungsenergien für Rotationen vom Trägheitsmoment und dem Drehimpuls des Kerns ab. Es zeigt sich allerdings, daß die für eine starre Rotation des Kerns berechneten Trägheitsmomente größer sind als die aus den Spektren ermittelten. Man kann somit nicht annehmen, daß der Atomkern wie ein starrer Körper rotiert. Besser geeignet ist die Vorstellung, daß eine Art Oberflächenwelle um den „Rumpf" des Kerns herumläuft, bei

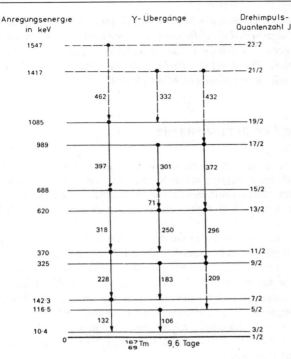

Bild 3.9   Rotationsbande von $^{167}_{69}$Tm (nach REID 1972)

der die Kernmaterie nicht mitrotiert, sondern in solcher Weise strömt, daß die Kernoberfläche von außen betrachtet als Ganzes zu rotieren scheint. Dies ähnelt dem Verhalten einer Wasserwelle, bei der man zwischen dem Fortschreiten der Welle und der Bewegung der Wassermoleküle unterscheiden muß.

Eine zweite Form der Kollektivbewegung, die auch von Molekülen her bekannt ist, stellen Schwingungen dar. Zur Veranschaulichung dieser Anregungsform kann man das Tröpfchenmodell des Atomkerns heranziehen, in dem ja die Bewegung einzelner Teilchen mit der der benachbarten eng verbunden ist. Aufgrund der Oberflächenspannung ist der Kern quasi von einer festen Haut eingeschlossen, die deformiert werden kann. Damit sind Deformationsschwingungen der Oberfläche um die Gleichgewichtslage möglich. Jeder möglichen Schwingungsmode kommt ein eigener kollektiver Anregungszustand des Kerns mit einer entsprechenden Energie zu. Man bezeichnet diese Deformationsschwingungen auch als Vibrationszustände. (Bei Molekülen schwingen die das Molekül bildenden Atome um eine Ruhelage.)

In der Kernphysik wurde eine ganze Reihe von Kernmodellen entwickelt, die diese und andere Eigenschaften, die nicht mit dem Schalenmodell erfaßt werden, zu erklären suchen. Auf sie wird in diesem Band nicht mehr eingegangen, da das den Rahmen dieses Lehrgangs übersteigen würde. Die im Anschluß behandelten Kerneigenschaften lassen sich mit den bisherigen Betrachtungen weitgehend verstehen.

3.4 Zusammenfassung

Atomkerne sind keine starren Gebilde. Die Nukleonen bewegen sich in einem von ihnen selbst geschaffenen Potentialtopf. Demzufolge sind ihre Energien quantisiert. Das Termschema der Ein-Teilchen-Zustände kann nur dann zufriedenstellend gedeutet werden, wenn man neben einem kugelsymmetrischen mittleren Potential $V(r)$ für die einzelnen Teilchen eine starke Spin-Bahn-Kopplung annimmt. Das Schalenmodell, welches von diesen Voraussetzungen ausgeht, gibt die „Irregularitäten" der Massen stabiler Nuklide (resp. ihrer Bindungsenergie) richtig wieder und erklärt die sog. magischen Zahlen. Nur die „doppelt magischen" Kerne sind wirklich kugelsymmetrisch. Restwechselwirkungen, die von dem einfachen Schalenmodellansatz nicht erfaßt werden, deformieren Kerne um so mehr, je weiter Z oder N von den magischen Zahlen entfernt sind. Anregungszustände der Kerne lassen sich in drei Gruppen gliedern: *Ein-Teilchen-Zustände*, bei denen ein oder mehrere Nukleonen in höhere Energieniveaus befördert werden, sowie *Rotations-* und *Schwingungs-(Vibrations-)*Zustände als kollektive Anregungen.

4 Stabilität der Atomkerne und der Zerfall instabiler Nuklide

Nach der Entdeckung der Radioaktivität durch H. BECQUEREL *1896 wurde deutlich, daß die für unveränderlich gehaltenen Elemente sich ineinander umwandeln können, modern ausgedrückt: daß sich Atomkerne durch spontane Emission von Teilchen in andere Nuklide umwandeln können. Der weitaus größte Teil der heute experimentell nachgewiesenen Nuklide ist nicht stabil. Diese Nuklide existieren daher „normalerweise" auf unserer Erde und im Kosmos nicht, sondern sie sind künstlich erzeugt worden.*

Trotz der Vielzahl der Kernarten treten als Umwandlungsprozesse, denen instabile Nuklide unterliegen, nur wenige Zerfallsarten auf, nämlich überwiegend α- und β-Zerfälle. Die WEIZSÄCKER*sche Massenformel macht einsichtig, weshalb die stabilen Nuklide nur in einer schmalen Region (Massental) des N-Z-Diagramms – bzw. der Nuklidkarte, dem Verzeichnis aller Nuklide – zu finden sind. Sie läßt ferner Rückschlüsse auf die Möglichkeit für verschiedene Kernzerfälle zu. Der Zerfall aller instabilen Kernarten (und Elementarteilchen), unabhängig davon, durch welche Wechselwirkung der Zerfall vermittelt wird und wie die Zerfallsprodukte aussehen, läuft zeitlich nach ein und demselben Gesetz als statistischer Prozeß ab.*

Die verschiedenen Zerfallsarten unterscheiden sich jedoch durch die ihnen zugrundeliegenden Prozesse. Beim β-Zerfall wandelt sich ein Nukleon im Kern unter Aussendung von Elementarteilchen (Elektron und Neutrino) in ein Nukleon der anderen Sorte um. Hier zeigt sich auch, daß sich freie Nukleonen anders als die in einem Kern gebundenen verhalten: Während das freie Neutron nicht stabil ist, zerfällt es im Atomkern i.d.R. nicht. Das Proton hingegen ist als freies Teilchen stabil, kann sich aber im Kern durch β-Zerfall in ein Neutron umwandeln. Beim α-Zerfall wird dagegen eine Nukleonengruppe aus dem Atomkern emittiert, ein Vorgang, der mit Hilfe des Tunneleffekts verstanden werden kann. Die (hier abschließend betrachteten) γ- Übergänge betreffen nicht mehr die Umwandlung eines Nuklids in ein anderes, sondern Übergänge zwischen verschiedenen Zuständen der Atomkerne eines Nuklids. Hier wird an Überlegungen aus Kap. 2 angeknüpft.

4.1 Systematik der Atomkerne

Auf der Erde kommen 274 stabile und etwa 85 radioaktive Nuklide natürlich vor. Mehr als 1000 künstliche Nuklide wurden in Kernreaktoren oder

Teilchenbeschleunigern durch Kernreaktionen erzeugt und genau erforscht. Sie sind alle radioaktiv. Darunter versteht man die Eigenschaft dieser Kerne, sich durch Aussendung von Elektronen (β^--Strahlung), Positronen (β^+-Strahlung; Antiteilchen des Elektrons), ^{4}He-Kernen (α-Strahlung) oder durch spontane Spaltung in zwei Bruchstücke in andere Kerne umzuwandeln oder – wie man häufiger sagt – zu zerfallen.

Wir wollen uns im folgenden mit dem Überblick, den eine Nuklidkarte vermittelt, befassen und uns die verschiedenen Möglichkeiten von Kernzerfällen etwas näher ansehen, zunächst nur beschreibend, dann mehr begründend.

4.1.1 Überblick: Kernumwandlungen beim radioaktiven Zerfall

Die aus dem Zerfall herrührende Teilchenstrahlung führte auf die Spur der Kernumwandlungen. Zu Beginn unseres Jahrhunderts war es eine schwierige Aufgabe, die Vielfalt der einzelnen entdeckten „Elementumwandlungen" zu ordnen. Erst die daraus und aus anderen Kernreaktionen (s. Kap. 2.1) gewonnene Erkenntnis, daß Atomkerne aus Protonen und Neutronen aufgebaut sind und sich durch Abweichungen in den Nukleonenzahlen voneinander unterscheiden, ermöglichte eine systematische Beschreibung der Einzelprozesse. Zusammenfassend lassen sich die bei radioaktiven Zerfällen auftretenden Kernumwandlungen folgendermaßen angeben:

$$
\begin{aligned}
{}^A_Z X \quad &\xrightarrow{\quad \alpha-\text{Zerfall} \quad} \quad {}^{A-4}_{Z-2} Y + {}^4_2 \text{He} \quad (+\gamma) \\
{}^A_Z X \quad &\xrightarrow{\quad \beta^--\text{Zerfall} \quad} \quad {}^A_{Z+1} Y + e^- \quad (+\gamma + \cdots) \\
{}^A_Z X \quad &\xrightarrow{\quad \beta^+-\text{Zerfall} \quad} \quad {}^A_{Z-1} Y + e^+ \quad (+\gamma + \cdots) \\
{}^A_Z X + e^- \quad &\xrightarrow{\quad \text{Elektroneneinfang} \quad} \quad {}^A_{Z-1} Y \quad (+\gamma + \cdots)
\end{aligned}
$$

Durch α-*Zerfall* verringern sich also Protonen- und Neutronenzahl des Ausgangskerns um je 2; der Ausgangskern spaltet vier Nukleonen in Form eines Heliumkerns ab. Bei β-*Zerfällen* bleibt die Gesamtzahl A der Nukleonen erhalten, Protonen- und Neutronenzahl ändern sich entgegengesetzt um 1. Mit ihnen ist – wie bereits in Kap. 3.2.2 angesprochen – die Umwandlung eines Nukleons in den jeweils anderen Typ verbunden. Die Pünktchen oben deuten an, daß an dieser Stelle die Zerfallsprodukte noch nicht vollständig aufgeführt sind. Die Zerfallsprozesse selbst werden in den anschließenden Kapiteln noch genauer diskutiert.

Die mit dem β^+-Zerfall verbundene Kernumwandlung kann auch durch einen weiteren Prozeß, den Einfang eines Elektrons aus der Atomhülle und anschließende Umwandlung eines Protons in ein Neutron zustandekommen

(*Elektroneneinfang*). Bei *Kernspaltungen* besteht keine so eindeutige Beziehung zwischen Ausgangsnuklid und Zerfallsprodukten wie bei den oben angegebenen Zerfallsarten.

Kernzerfälle sind sehr oft von einer dritten Art radioaktiver Strahlung, der *Gamma-(γ)Strahlung* begleitet, die aus hochenergetischen Photonen besteht. Wir kommen auf die radioaktive γ-Strahlung in Kap. 4.6 zurück. Hier sei lediglich vorweggenommen, daß mit der Emission von Gammaquanten keine Kernumwandlung verbunden ist.

Radioaktivität ist eine Nuklideigenschaft. Man kann deshalb *Radionuklide* gegen stabile Nuklide abgrenzen und z.B. von α-Strahlern oder β-Strahlern reden. Kernumwandlungen können aber auch von außen – z.b. durch Beschuß von Atomkernen mit hochenergetischen Teilchen – herbeigeführt werden. So können auch „neue" Nuklide, die nicht natürlich vorkommen, künstlich hergestellt werden. Die Menge der bekannten Nuklide erfährt auch heute noch immer wieder Erweiterungen. In Darmstadt wurde ein Forschungsinstitut[1] eingerichtet, welches es sich zur Hauptaufgabe gesetzt hat, superschwere – eventuell sogar stabile! – Nuklide durch Verschmelzung von schweren Kernen, die in einem Schwerionenbeschleuniger auf hohe Energien gebracht werden, zu erzeugen und ihre Eigenschaften zu erforschen. Bisher ist es jedoch noch nicht gelungen, durch Kernreaktionen stabile Nuklide zu erzeugen, die es auf der Erde bisher nicht gegeben hat.

Wie später ausgeführt wird, ist der Zerfall eines instabilen Nuklids (Radionuklids) ein *statistischer Prozeß*. Das heißt, für eine bestimmte Zahl von Atomkernen eines Radionuklids läßt sich nicht voraussagen, *wann* ein einzelner Atomkern zerfällt. Charakteristisch für ein Radionuklid ist jedoch die *Wahrscheinlichkeit* für den Zerfall eines Kerns und damit auch die Zeit, in der gerade die Hälfte der ursprünglich vorhandenen Kerne zerfallen ist. Man nennt diese Zeit „*Halbwertszeit*" ($T_{1/2}$). Sie ist um so größer, je kleiner die Zerfallswahrscheinlichkeit eines Nuklids ist.

Neben den stabilen Isotopen der irdischen Elemente gibt es eine Reihe Nuklide mit so großer Lebensdauer, daß ihre Spezies seit ihrer Entstehung vor der Bildung des Sonnensystems noch nicht „ausgestorben" ist. Man spricht von „quasistabilen" Nukliden. Zu ihnen gehören z.B. die beiden auf der Erde vorkommenden Uranisotope ^{235}U und ^{238}U. Natürliche Radionuklide mit (sehr viel) kürzeren Halbwertszeiten als ca. 10^8 a sind auf der Erde nur vorhanden, weil sie ständig neu gebildet werden. Die Halbwertszeiten der insgesamt bekannten instabilen Nuklide überstreichen ein Zeitintervall von mehr als 20 Zehnerpotenzen, angefangen im Mikrosekundenbereich (10^{-6} s). Sollten sich moderne Theorien der Teilchenphysik als richtig erweisen, so gibt es überhaupt

---

[1] Gesellschaft für Schwerionenforschung mbH (GSI) in Darmstadt. Ihre Einrichtungen können jederzeit besichtigt werden.

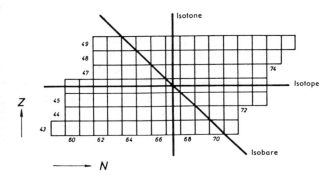

Bild 4.1 Anordnung der Nuklide in einer Nuklidkarte (SEELMANN-EGGEBERT u.a. 1995)

keine stabile Materie. Danach würde auch das bislang für absolut stabil gehaltene Proton zerfallen. Allerdings sollen die Protonen wenigstens um viele Größenordnungen länger existieren ($T_{1/2} > 10^{30}$ a), als unser Kosmos alt ist, weshalb wir von dem damit verbundenen Zerfall der Materie nichts bemerken.

4.1.2 Die Nuklidkarte

Nach einem auf E. SEGRÈ zurückgehenden Vorschlag nennt man ein N-Z-Koordinatennetz, dessen Quadrate je einem Nuklid zugeordnet sind und zusätzlich wesentliche Charakteristika der Nuklide enthalten, eine Nuklidkarte. Üblicherweise ist auf der Ordinate die Protonenzahl Z und auf der Abszisse die Neutronenzahl N aufgetragen. Die wichtigsten Eintragungen wollen wir kurz erläutern. (Grundlage: Karlsruher Nuklidkarte, 6. Aufl. 1995.)

1. Nuklidgruppen (s. Bild 4.1)

- Waagerecht nebeneinander sind in jeder Zeile die Isotope je eines Elementes angeordnet.

- Die Nuklide einer senkrechten Spalte (gleiches N) heißen Isotone.

- Nuklide mit gleicher Nukleonenzahl $A = N + Z$ (Isobare) liegen auf einer Diagonalen von links oben nach rechts unten.

2. Zerfallsarten

Die Zerfallsarten sind durch Farben gekennzeichnet. Die Kästchen der stabilen Nuklide sind schwarz. Kästchen mit blauem Grund symbolisieren β^--Strahler (Elektronenemitter, z.B. ^{14}C), rote Kästchen bedeuten β^+-Strahler (Positronenemitter, z.B. ^{11}C) oder Elektroneneinfang (z.B. ^{44}Ti), gelb steht für α-Zerfall (z.B. ^{230}Th). Die grüne Farbe deutet spontane Spaltung an. Bei zahlreichen Nukliden konkurrieren mehrere Zerfallsarten, was man an der Mehrfarbigkeit der betreffenden Quadrate erkennt (z.B. ^{226}Ac).

3. Symbole und Daten

Jede Zeile beginnt mit dem Symbol des betreffenden Elementes und der Angabe der relativen Atommasse (bezogen auf die Masse des ^{12}C-Kohlenstoffisotops). Alle Nuklidkästchen tragen das Elementsymbol und dahinter die Massenzahl A. Bei den stabilen Nukliden steht unter dem Elementsymbol die relative Häufigkeit dieses Nuklids im natürlichen Isotopengemisch des Elementes. Dasselbe gilt für die quasistabilen Isotope der Elemente, die keine stabilen Nuklide aufweisen (z.B. ^{238}U). Bei den radioaktiven Nukliden wird unter dem Elementsymbol die Halbwertszeit genannt. Darunter schließen sich die Zerfallsarten und die Energien der emittierten Strahlung an.

4. Sonstige Angaben

Die Nuklidkarte enthält weitere Daten, die uns hier aber nicht weiter interessieren. Sie umfassen differenziertere Angaben über die Strahlung der instabilen Nuklide, metastabile Anregungszustände und Wirkungsquerschnitte für thermische Neutronen. Letztere Angabe ist besonders im Bereich der Reaktortechnik von Bedeutung. In der Legende im Anhang finden Sie weitere Erläuterungen der eingetragenen Symbole.

Aufgabe 4.1 *Suchen Sie sich mehrere Elemente in der Nuklidkarte heraus und vergleichen Sie die Halbwertszeiten der β-aktiven Isotope je eines Elements. Was stellen Sie fest?*

4.1.3 Das Massental

Ein Blick auf die Nuklidkarte oder auch auf Bild 2.4 (S. 58) läßt erkennen, daß die stabilen Nuklide auf einen schmalen Streifen im N-Z-Diagramm beschränkt sind. Betrachtet man dieses Diagramm entlang irgendeiner Linie mit

a)   b)

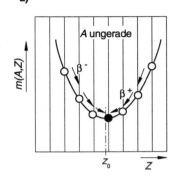
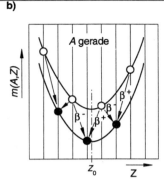

Bild 4.2 Isobarenmassen $m(A,Z)_{A=\text{konst.}}$ als Funktion der Protonenzahl Z.a) A ungerade, b) A gerade. Stabile Kerne sind durch gefüllte Kreise, instabile durch leere Kreise dargestellt

konstanter Massenzahl A (Isobare), stellt man fest, daß es zu einer ungeraden Massenzahl i.a. nur ein stabiles Nuklid gibt (z.B. ^{3}He für A = 3, aber auch bei höheren Massenzahlen). Zu geraden Massenzahlen existieren dagegen häufig 2, ja gelegentlich sogar 3 stabile Nuklide mit demselben A. Die Nuklidkarte enthält z.B. je zwei stabile Nuklide mit $A = 112$, 114 und 116. Zu $A = 96$ existieren die drei stabilen Nuklide ^{96}Zr, ^{96}Mo und ^{96}Ru. Die (vergleichsweise) wenigen stabilen Nuklide werden von vielen instabilen Isobaren „eingerahmt", die sich durch β-Zerfall oder Elektroneneinfang ineinander umwandeln.

Diese Beobachtung läßt sich mit Hilfe der empirischen Massenformel verstehen (Gl. (2.10), S. 67). Halten wir die Massenzahl A fest (Isobare!) und lassen in dieser Gleichung nur die Kernladungszahl Z variieren, so stellt $m(Z)$ eine quadratische Funktion in Z dar. Die zugehörigen Punkte in einem Z-m-Diagramm liegen auf einer Parabel (Bild 4.2). Für ungerades A erhalten wir eine nach oben geöffnete Parabel. Bei geradzahligem A ergeben sich wegen des verschiedenen Vorzeichens des Paarungsterms für „gg-Kerne" und „uu-Kerne"(Gl. (2.8), S. 66) *zwei* getrennte, ebenfalls nach oben geöffnete Parabeln, wobei diejenige für „gg-Kerne" tiefer liegt. Die „gg-Kerne" sind stabiler als „uu-Kerne"; daher ist bei gleichem A die Masse der „gg-Kerne" kleiner (höherer Massendefekt) als bei „uu-Kernen".

Betrachten wir zunächst den linken Teil von Bild 4.2, also den Fall *„A ungerade"*. Das stabile Isobar liegt dem durch Z_0 gekennzeichneten Scheitelpunkt der Parabel am nächsten. Es hat die kleinste Masse und damit die höchste Bindungsenergie. Die Nuklide links davon sind neutronenreicher, diejenigen rechts davon protonenreicher als das stabile Isobar mit der minimalen Masse. Der energetisch tiefste Zustand (Zustand höchster Bindungsenergie!) kann von

den Kernen auf den Parabelbögen rechts und links des Minimums dadurch angestrebt werden, daß die neutronenreicheren Nuklide durch Umwandlung eines
Neutrons in ein Proton und die protonenreicheren Nuklide durch Umwandlung
eines Protons in ein Neutron in einen Kern mit höherer Bindungsenergie – also kleinerer Masse – übergehen. Genau diese Umwandlungsprozesse finden
beim *Beta-(β)-Zerfall* statt. Sie sind in Bild 4.2 durch Pfeile angedeutet. Beim
$β^-$-*Zerfall* wandelt sich im Kern ein Neutron unter Aussendung eines negativ
geladenen Elektrons in ein Proton um. Z erhöht sich dabei um eine Einheit.
Beim $β^+$-*Zerfall* geht ein Proton unter Aussendung eines positiv geladenen
Elektrons, Positron genannt, in ein Neutron über. Die Umwandlung eines Protons in ein Neutron ist auch möglich, indem ein Hüllenelektron vom Kern
eingefangen wird. Die Kernladungszahl erniedrigt sich in beiden Fällen um
eine Einheit. Bei allen drei Prozessen ändert sich die Massenzahl A nicht.

In Bild 4.2b sind die Isobarenmassen für eine *gerade* Nukleonenzahl aufgetragen. Wandelt sich ein „gg-Kern" durch $β$-Zerfall um, so geht er in einen „uu-
Kern" über und umgekehrt. Daher verbinden die Pfeile in Bild 4.2b nur Kerne
auf verschiedenen Massenparabeln. Außerdem erklärt die Lage der eingezeichneten Nuklide, warum es in dem Beispiel 3 stabile Nuklide gibt. Übergänge von
den gefüllten Kreisen auf der gg-Parabel zu leeren Kreisen auf der uu-Parabel
sind stets mit einer Energieerhöhung (= Massenzunahme) verbunden, können
also ohne Energiezufuhr von alleine nicht stattfinden.

Fügen wir in einem N-Z-Diagramm als dritte Koordinate senkrecht zur N-
Z-Ebene die Kernmasse $m(A,Z)$ hinzu, so stellt die Region der gegen $β$-Zerfall
und Elektroneneinfang stabilen Nuklide ein Tal in der „Massenlandschaft" dar.
In der Talsohle liegen die stabilen, an den Hängen und auf der Höhe die
instabilen Nuklide. Die stabilen Nuklide entsprechen den Isobaren kleinster
Masse.

Die Lage des Massentals in der N-Z-Ebene erhält man aus der WEIZSÄK-
KERschen Massenformel, indem man die Masse partiell nach Z ableitet und
den Differentialquotienten Null setzt:

$$\left(\frac{\partial m(A,Z)}{\partial Z}\right)_{A=\text{konst.}} = 0.$$

Nach Einsetzen aller Konstanten ergibt sich für die Scheitelpunktskoordina-
ten Z_s der Massenparabeln die Gleichung

$$Z_\text{s} = \frac{A}{0{,}015\,A^{2/3} + 1{,}98}.$$

Die Kurve in Bild 4.3 verbindet die zugehörigen Punkte $(A - Z_\text{S}, Z_\text{S})$ im
N-Z-Diagramm. Der Vergleich mit Bild 2.4 (S. 58) zeigt, daß die Lage der
stabilen Nuklide dadurch gut wiedergegeben wird.

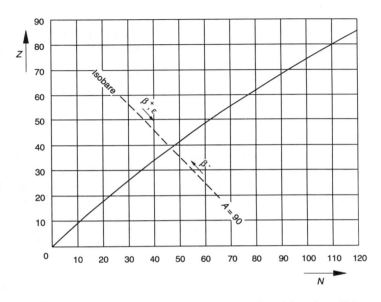

Bild 4.3 Lage der stabilen Nuklide aus der Massenformel berechnet („Massental"). Abgesehen von einigen Ausnahmen wandeln sich die Nuklide unterhalb der Kurve längs einer Isobaren durch β^--Zerfall in stabile(re) Nuklide um. Oberhalb der Kurve erfolgt die Umwandlung durch β^+-Zerfall und Elektroneneinfang (ϵ).

Aufgabe 4.2 *In Bild 4.2 sind nur Übergänge von „uu-" zu „gg-Kernen" eingezeichnet. Ergänzen Sie die Abbildung so, daß auch ein Übergang von einem „gg-" zu einem „uu-Kern" möglich ist.*

4.1.4 Abspaltung von Nukleonen

Mit der empirischen Massenformel von WEIZSÄCKER bzw. mit dem Graphen der mittleren Bindungsenergie je Nukleon (Bild 2.6, S. 63) läßt sich auch begründen, wo weitere Kernzerfallsarten auftreten können.

Wegen der hohen mittleren Bindungsenergie E_{B}/A je Nukleon des $^4_2\mathrm{He}$-Kerns ist zu vermuten, daß die Formation eines $^4_2\mathrm{He}$-Kerns im Innern eines schweren Kerns und seine anschließende Abspaltung mit einem Energiegewinn verbunden sein kann. Das ist dann der Fall, wenn die Summe der Massen von $^4_2\mathrm{He}$-Kern m_{He} und Restkern $m(A-4,Z-2)$ kleiner ist als die Masse $m(A,Z)$ des ursprünglichen Kerns. Die durch Abspaltung freiwerdende Energie wird nahezu vollständig dem emittierten He-Kern als kinetische Energie mit auf den Weg gegeben; nur ein kleiner Restbetrag geht durch Rückstoß auf den Restkern über. Man nennt den Zerfall eines Kerns durch Abspaltung eines $^4_2$He-Kerns *Alpha-(α-)Zerfall* (s. auch Kap. 4.1.1) und den emittierten $^4_2$He-Kern α-Teilchen. Ein α-aktives Präparat sendet ständig $^4_2$He-Kerne aus, die sog. α-Strahlung. Die Energie E_α der α-Strahlung, die von einem Nuklid mit der Masse $m(A,Z)$ emittiert wird, ist die kinetische Energie der abgespaltenen α-Teilchen:

$$E_\alpha = (m(A,Z) - m(A-4, Z-2) - m_\alpha) c^2.$$

Die Massenformel gibt Auskunft darüber, wo in der N-Z-Ebene Gebiete mit $E_\alpha > 0$ vorkommen. Bei allen Kernen mit $E_\alpha > 0$ wird im Prinzip durch Abtrennen eines α-Teilchens Energie durch Vergrößerung der Bindungsenergie frei. Das bedeutet jedoch nicht, daß alle Nuklide mit $E_\alpha > 0$ *tatsächlich* zerfallen, sondern lediglich, daß der α-Zerfall aus *energetischer* Sicht möglich ist. Die Wahrscheinlichkeit für einen α-Zerfall steigt mit E_α. Auf den Grund dafür kommen wir bei seiner Diskussion in Kap. 4.5 zu sprechen. Je größer die Zerfallswahrscheinlichkeit ist, desto kleiner ist die Halbwertszeit. Der leichteste Kern, der sich durch α-Zerfall umwandelt, ist $^{144}_{60}$Nd mit der relativ kleinen Zerfallsenergie $E_\alpha = 1{,}83$ MeV und einer Halbwertszeit von $2{,}1 \cdot 10^{15}$ Jahren. Unterhalb von $A = 144$ gibt es keine α-Strahler.

Aus der Bindungsenergiekurve in Bild 2.6 (S. 63) können wir entnehmen, daß durch Spaltung schwerer Kerne in zwei Bruchstücke mittlerer Massenzahl ebenfalls Energie gewonnen werden kann, weil die Bindungsenergie je Nukleon der Spaltprodukte höher ist als die des ursprünglichen Kerns vor der Spaltung. Eine spontane Spaltung, die nach der WEIZSÄCKER-Formel aus ausschließlich energetischer Sicht bereits oberhalb $A = 90$ möglich sein sollte, ist in der Natur ein äußerst seltener Zerfallsprozeß und wird nur bei ganz schweren Kernen beobachtet. Der Hinderungsgrund ist wieder derselbe wie beim α-Zerfall, weswegen wir zur Erklärung auf Kap. 4.5 verweisen.

4.2 Natürliche Radioaktivität

Nach dem mehr systematisch orientierten, summarischen Überblick über Nuklide und das Auftreten der einzelnen Arten des Kernzerfalls wird jetzt auf mehrere Gruppen natürlich vorkommender Radionuklide ausführlicher eingegangen.

In Kap. 4.1.1 wurde bereits zwischen natürlichen und künstlichen Nukliden unterschieden. Bei der von natürlichen Radionukliden ausgehenden Strahlung spricht man entsprechend von *natürlicher Radioaktivität* und bei den von Menschen (gewöhnlich durch Beschuß von Kernen mit Teilchen) hergestellten Radionukliden von *künstlicher Radioaktivität*. Mit deren Erzeugung befaßt sich Kap. 5 („Kernreaktionen"). Wir beschränken uns hier auf die Besprechung der natürlichen Radionuklide. Woher stammen diese und wie sind sie entstanden?

Die meisten auf der Erde vorhandenen Nuklide – darunter auch viele Radionuklide – sind außerhalb der Erde und vor deren Entstehung gebildet worden. Nach einem allgemein akzeptierten kosmologischen Standardmodell über die Entstehung des Universums fand vor etwa 20 Milliarden Jahren eine gigantische Explosion („Urknall") statt, aus der die Nukleonen und die ersten, leichten Nuklide hervorgingen. Schwerere Nuklide bis hin zu Eisen-Isotopen bildeten sich durch Fusionsreaktionen leichter Kerne später (und auch heute noch) in Sternen. Diese Fusionsprozesse enden aber bei der „Eisengrenze", weil jenseits von Eisen ($A = 56$) Fusionsprozesse Energie nicht mehr freisetzen, sondern benötigen (vgl. Bild 2.6 auf Seite 63). Die schweren Nuklide werden nach heutigem Kenntnisstand durch Neutroneneinfangreaktionen mit anschließenden β-Zerfällen (sowie in kleinen Ausmaß durch andere Sekundärprozesse) gebildet, wobei diese Prozesse z.T. innerhalb der Sterne (Rote Riesen), z.T. vermutlich bei Supernova-Explosionen ablaufen[2].

Unser Sonnensystem entstand vor ca. $4,6 \cdot 10^9$ Jahren aus einer galaktischen Gas- und Staubwolke. Die auf der Erde vorhandenen Nuklide sind – zum allergrößten Teil – also ein Rest der Materie, die vermutlich in einem früheren Stern und einer Supernova gebildet wurde. Diejenigen instabilen Nuklide mit Halbwertszeiten von viel weniger als 10^9 Jahren sind längst in stabile Nuklide zerfallen. Es gibt auf der Erde noch 23 instabile Nuklide, deren Halbwertszeiten mit dem Alter des Universums vergleichbar oder die sogar noch größer sind. Diese langlebigen, natürlichen radioaktiven Nuklide kommen in der Natur noch in meßbaren Mengen vor. 20 von ihnen zerfallen entweder direkt in stabile Tochternuklide, oder es ist das übernächste Nuklid stabil. In Tabelle 4.1 sind die in der Karlsruher Nuklidkarte (6. Aufl. 1995) verzeichneten sehr langlebigen Nuklide mit ihren Halbwertszeiten aufgeführt. (Das Nuklid ^{234}U wird trotz seiner vergleichsweise kurzen Halbwertszeit auch zu diesen sog. primordialen Nukliden gerechnet, weil es in jeder natürlichen Uranprobe vorkommt. Es entsteht durch Zerfall aus ^{238}U (s. Bild 4.4).)

---

[2] Bei sehr hohem Neutronenfluß (z.B. in einer Supernova-Explosion) können durch Neutroneneinfang andere Nuklide „aufgebaut" werden als bei niedrigem. Neuere kernphysikalische Experimente zur Untersuchung von Neutroneneinfangquerschnitten liefern quantitative Argumente – z.B. Aussagen über die Häufigkeitsverteilungen der Nuklide, die aufgrund dieser Prozesse zu erwarten wären – dafür, daß solche Prozesse tatsächlich zur Bildung der schweren Nuklide führten und führen. Literatur zu diesem Thema z.B.: SCHATZ, G.: The s-Process of Stellar Nucleosynthesis. In: FÄSSLER, A. (Hrsg.): Progress in Particle and Nuclear Physics. Vol. 17. The Early Universe and its Evolution. Oxford: Pergamon Press 1986.

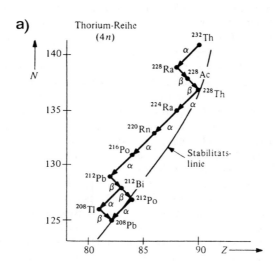

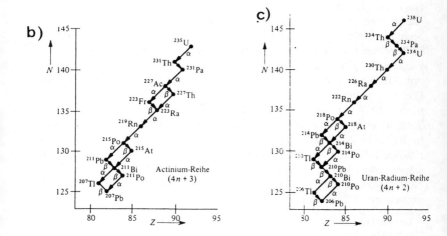

Bild 4.4 Die drei natürlichen Zerfallsreihen (WEIDNER/SELLS 1982): a) Thorium-Reihe $(A = 4n)$; b) Actinium-Reihe $(A = 4n+3)$; c) Uran-Radium-Reihe $(A = 4n+2)$

Tabelle 4.1 Langlebige Radionuklide, die vor der Entstehung der Erde entstanden und heute noch vorhanden sind (nach SEELMANN-EGGEBERT u.a.: Karlsruher Nuklidkarte. 5. Aufl. 1981)

Nuklid	Halbwertszeit (Jahre)	Nuklid	Halbwertszeit (Jahre)
$^{40}_{19}$ K	$1{,}28 \cdot 10^9$	$^{152}_{64}$ Gd	$1{,}1 \cdot 10^{14}$
$^{82}_{34}$ Se	$1{,}0 \cdot 10^{19}$	$^{174}_{72}$ Hf	$2{,}0 \cdot 10^{15}$
$^{87}_{37}$ Rb	$4{,}8 \cdot 10^{10}$	$^{176}_{71}$ Lu	$3{,}6 \cdot 10^{10}$
$^{113}_{48}$ Cd	$9 \cdot 10^{15}$	$^{180}_{73}$ Ta	$> 10^{13}$
$^{115}_{49}$ In	$4 \cdot 10^{14}$	$^{186}_{76}$ Os	$2{,}0 \cdot 10^{15}$
$^{123}_{52}$ Te	$1{,}24 \cdot 10^{13}$	$^{187}_{75}$ Re	$5 \cdot 10^{10}$
$^{128}_{52}$ Te	$1{,}5 \cdot 10^{24}$	$^{190}_{78}$ Pt	$6{,}1 \cdot 10^{11}$
$^{130}_{52}$ Te	$1{,}0 \cdot 10^{21}$	$^{204}_{82}$ Pb	$\geq 1{,}4 \cdot 10^{17}$
$^{138}_{57}$ La	$1{,}35 \cdot 10^{11}$	$^{232}_{90}$ Th	$1{,}405 \cdot 10^{10}$
$^{144}_{60}$ Nd	$2{,}1 \cdot 10^{15}$	$^{234}_{92}$ U	$2{,}446 \cdot 10^{5}$
$^{147}_{62}$ Sm	$1{,}06 \cdot 10^{11}$	$^{235}_{92}$ U	$7{,}038 \cdot 10^{8}$
$^{148}_{62}$ Sm	$7 \cdot 10^{15}$	$^{238}_{92}$ U	$4{,}468 \cdot 10^{9}$

Drei dieser instabilen Nuklide – ^{232}Th, ^{235}U, ^{238}U – zerfallen in radioaktive Tochternuklide, die ihrerseits wiederum in radioaktive Tochternuklide zerfallen, usw., bis schließlich nach mehreren Generationen ein stabiles Nuklid erreicht ist. Sie bilden die drei *natürlichen Zerfallsreihen*. Jede dieser Reihen beginnt mit einem sehr langlebigen Nuklid, dessen Halbwertszeit die aller folgenden Glieder der Reihe übertrifft. Die stabilen Endnuklide der drei Reihen sind sämtlich Bleiisotope. Die Bilder 4.4a–c zeigen die drei natürlichen Zerfallsreihen.

Innerhalb der Zerfallsreihen wandeln sich die Kerne durch α- und β^--Zerfälle um. β^+-Zerfälle treten nicht auf. Einige Nuklide neigen sowohl zum α-Zerfall als auch zum β-Zerfall. In diesen Fällen kommt es zu einer Verzweigung der Reihe wie z.B. bei ^{218}Po in der Uran-Radium-Reihe (Bild 4.4c). Die Halbwertszeiten der Nuklide innerhalb der Zerfallsreihen liegen zwischen $2{,}5 \cdot 10^5$ a (^{234}U) und 0,3 μs (^{212}Po); die meisten sind kleiner als ca. 10 Tage.

Die Massenzahlen der Nuklide innerhalb einer Zerfallsreihe lassen sich durch einfache Gesetzmäßigkeiten beschreiben. Das erste Nuklid der sog. Thorium-Reihe (Bild 4.4a) hat die durch 4 teilbare Massenzahl 232. Da nur die α-Zerfälle die Massenzahl ändern, und zwar um 4 Einheiten, sind alle Massenzahlen dieser Reihe durch 4 teilbar. Daher läßt sich für ein beliebiges Glied der Thorium-

Reihe A durch $4n$ mit ganzzahligem n ausdrücken. Analoge Überlegungen lassen erkennen, daß für die sog. Uran-Radium-Reihe, die mit ^{238}U beginnt, die Massenzahlen durch $A = 4n + 2$ darstellbar sind, während sich die Glieder der sog. Actinium-Reihe (Ausgangsnuklid ^{235}U) durch $A = 4n + 3$ darstellen lassen[3].

Eine Materialprobe mit diesen natürlichen radioaktiven Stoffen sendet α-, β- und γ-Strahlung gleichzeitig aus. Ihre Energien reichen bis zu mehreren MeV. Bis zur Entwicklung der Teilchenbeschleuniger in den 30er Jahren waren radioaktive Stoffe die einzigen Quellen hochenergetischer Geschoßteilchen zur Untersuchung von Atomkernen durch Kernreaktionen.

Neben den beiden bisher aufgeführten Gruppen natürlicher Radionuklide gibt es noch eine dritte: jene Nuklide, die in der Atmosphäre durch Beschuß mit hochenergetischen Teilchen (kosmische Strahlung) fortlaufend gebildet werden (Tabelle 4.2). So entsteht z.B. aus dem Stickstoffisotop ^{14}N durch Einfang eines Neutrons und anschließende Abgabe eines Protons das radioaktive Kohlenstoffisotop ^{14}C (β^--Strahler).

Tabelle 4.2 Radionuklide, die durch kosmische Strahlung erzeugt werden (nach KOELZER 1982)

Radio-nuklid	Halbwerts-zeit	Radio-nuklid	Halbwerts-zeit	Radio-nuklid	Halbwerts-zeit
^{3}H	12,3 a	^{26}Al	$7{,}16 \cdot 10^5$ a	^{34}Cl^{ma}	32,0 min
^{7}Be	53,3 d	^{31}Si	2,6 h	^{36}Cl	$3{,}0 \cdot 10^5$ a
^{10}Be	$1{,}6 \cdot 10^6$ a	^{32}Si	101 a	^{38}Cl	37,2 min
^{14}C	5730 a	^{32}P	14,3 d	^{39}Cl	56 min
^{22}Na	2,6 a	^{33}P	25,3 d	^{39}Ar	269 a
^{24}Na	15,0 h	^{35}S	87,5 d	^{81}Kr	$2{,}1 \cdot 10^5$ a
^{28}Mg	20,9 h	^{38}S	2,83 h		

^{a} m: bezeichnet den metastabilen (1. angeregten) Zustand dieses Nuklids.

4.3 Das Zerfallsgesetz

Die bisherigen Ausführungen über die Erscheinung der Radioaktivität enthalten zwar einige „Zerfallszeiten", sagen aber nichts über den *zeitlichen Verlauf*

---

[3] Es gibt auch eine „$4n + 1$"-Reihe, deren Ausgangsnuklid ^{237}Np ($T_{1/2} = 2{,}14 \cdot 10^6$ a) allerdings künstlich erzeugt werden muß.

des Zerfalls von Radionukliden aus. Diese Informationslücke wollen wir jetzt schließen.

Es ist leicht einzusehen, daß nicht alle Kerne einer Menge eines Radionuklids zum gleichen Zeitpunkt zerfallen können. Dann ließe sich nämlich die Erscheinung des natürlichen radioaktiven Zerfalls kaum beobachten, denn entweder wären die irgendwann einmal entstandenen Radionuklide bereits zerfallen und existierten somit gar nicht mehr oder sie erschienen uns stabil, bevor sie irgendwann einmal plötzlich zerfallen. Wir könnten dann eines Tages vielleicht mit Erstaunen feststellen, daß anstelle der vertrauten Substanz auf einmal eine ganz andere vorhanden ist und müßten indirekt auf eine spontane, gleichzeitige Umwandlung aller Kerne schließen.

Die Beobachtungen zeigen vielmehr, daß die Atomkerne eines Radionuklids in einer bestimmten Substanzmenge nacheinander in zeitlich unregelmäßigen Abständen zerfallen. Der Zerfallsvorgang ist ein statistischer Prozeß. Es gibt keine zeitliche Korrelation zwischen den Zerfallsakten der einzelnen Kerne. Jede individuelle Kernumwandlung durch radioaktiven Zerfall ist ein spontanes Ereignis.

Durch den fortlaufenden Zerfall einzelner Kerne nimmt die Anzahl der in der Substanzmenge enthaltenen radioaktiven Kerne der betrachteten Art ständig ab. Dabei läßt sich beobachten, daß im Mittel in jedem Zeitintervall gleicher Größe stets der gleiche Bruchteil der zu Beginn des Zeitintervalls vorhandenen Kerne zerfällt. Dies berechtigt zur Annahme einer festen Wahrscheinlichkeit für den Zerfall jedes einzelnen Kerns des Nuklids innerhalb dieser Zeitspanne. Für sehr kleine Zeitintervalle Δt kann man diese Wahrscheinlichkeit p als proportional zu Δt ansehen:

$$p \, (\text{Kern zerfällt in } \Delta t) = \lambda \Delta t.$$

Wir fragen nun nach der Wahrscheinlichkeit, daß der betrachtete Atomkern ein längeres Zeitintervall $t = n\Delta t$ ohne Zerfall übersteht. Da „Zerfall" und „Nicht-Zerfall" innerhalb Δt die einzigen möglichen Ereignisse sind, ist zunächst

$$p \, (\text{Kern zerfällt } \textit{nicht} \text{ in } \Delta t) = 1 - \lambda \Delta t.$$

Die Wahrscheinlichkeit, daß er n dieser Zeitintervalle „überlebt", ist dann wegen der Unabhängigkeit der Ereignisse in den aufeinanderfolgenden Zeitintervallen

$$p \, (\text{Kern zerfällt } \textit{nicht} \text{ in } n\Delta t = t) = (1 - \lambda \Delta t)^n = \left(1 - \frac{\lambda t}{n}\right)^n.$$

Der Grenzübergang $\Delta t \to 0$ bei festem t ist gleichbedeutend mit $n \to \infty$. Damit erhält man

$$p \text{ (Kern zerfällt } nicht \text{ in Zeit } t) = \lim_{n \to \infty} \left(1 - \frac{\lambda t}{n}\right)^n = e^{-\lambda t}$$

(e: Eulersche Zahl, Basis des natürlichen Logarithmus).

Mit diesem Ergebnis läßt sich vorhersagen, wieviel Kerne eines Radionuklids nach einer Zeit t noch vorhanden sind, wenn zum Zeitpunkt $t_0 = 0$ ursprünglich N_0 Kerne existierten, nämlich

$$N(t) = N_0 e^{-\lambda t}.$$

Diese Gleichung ist das *Zerfallsgesetz*, das in dieser Form für alle Radionuklide gilt. Unterschiede zwischen einzelnen Nukliden bestehen lediglich hinsichtlich der *Zerfallskonstanten* λ. Die Zahl der radioaktiven Kerne nimmt stets exponentiell ab; die Zerfallskonstante λ (Dimension: 1/Zeit) bestimmt die Schnelligkeit, mit der dies geschieht. Je größer λ ist, um so kleiner ist die Zeit, in der z.B. die Hälfte der ursprünglich vorhandenen Anzahl Kerne zerfallen ist. Der Zusammenhang zwischen λ und der Halbwertszeit $T_{1/2}$ ist leicht herzuleiten: Setzt man in der Zerfallsfunktion $t = T_{1/2}$, so ist $N(T_{1/2}) = \frac{1}{2}N_0$, also

$$\frac{1}{2}N_0 = N_0 e^{-\lambda T_{1/2}}$$

bzw.

$$\frac{1}{2} = e^{-\lambda T_{1/2}}.$$

Bildet man auf beiden Seiten den natürlichen Logarithmus, so erhält man

$$\ln \frac{1}{2} = -\ln 2 = -\lambda T_{1/2}$$

oder

$$\lambda = \frac{\ln 2}{T_{1/2}} =: \frac{1}{\tau}.$$

Beispiele für Halbwertszeiten von Radionukliden enthalten die Tabellen 4.1 und 4.2 (S. 99, 100). Die Größe $\tau = T_{1/2}/\ln 2$ wird *„mittlere Lebensdauer"* genannt. Sie gibt die Zeit an, in der N_0 auf den e-ten Teil abgefallen ist ($N(\tau) = e^{-1}N_0$) und entspricht der durchschnittlichen Lebensdauer (den Beweis übergehen wir) eines Kerns. Im Mittel lebt jeder Kern die Zeit τ.

Die graphische Darstellung der Zerfallsfunktion $N(t)$ gestaltet sich aufgrund der gefundenen Eigenschaft, daß sich N nach Ablauf der Zeit $T_{1/2}$ jeweils halbiert hat, denkbar einfach: Man wähle auf der Zeitachse gleiche Intervalle der Länge $T_{1/2}$ und trage als Ordinatenwert des i-ten Intervallendpunktes die Hälfte des $(i-1)$-ten Ordinatenwertes ein ($i = 1, 2, \ldots$). Das Verfahren ist in Bild 4.5 vorgeführt.

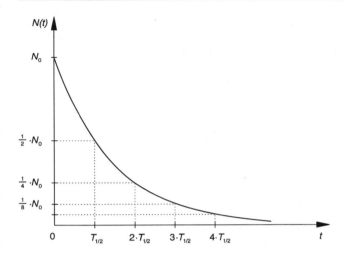

Bild 4.5 Die Gesetzmäßigkeit des radioaktiven Zerfalls

Das typische zeitliche Verhalten des radioaktiven Zerfalls läßt sich mit einer größeren Anzahl gleicher Geldmünzen demonstrieren. Ordnet man einer Münzseite die Eigenschaft „zerfallen" zu und sortiert man beim Münzenwerfen jeweils diejenigen Münzen aus, deren markierte Seite nach oben zeigt (ca. jeweils die Hälfte der geworfenen Münzen!), so zeigen die Anzahlen der nach jedem Wurf übriggebliebenen Münzen genau die funktionale Gesetzmäßigkeit des radioaktiven Zerfalls. Die Wurfnummer entspricht dabei der Vielfachheit der Halbwertszeit. Einen ähnlichen Simulationsversuch mit anderer „Halbwertszeit" kann man mit Würfeln durchführen.

Für viele Fragestellungen praktischer Art ist es wichtig zu wissen, wieviele Kerne eines Radionuklids in einer Substanzprobe je Zeiteinheit zerfallen. Dies kann leicht aus den obigen Überlegungen gefolgert werden und wird deshalb hier durchgeführt. Die Zerfallskonstante λ ist die Wahrscheinlichkeit für den Zerfall eines Atomkerns pro Zeiteinheit (s.S. 101). Wenn nun zum Zeitpunkt t in einer Materialprobe $N(t)$ Atomkerne eines Radionuklids mit der Zerfallskonstanten λ vorhanden sind, dann ist damit zu rechnen, daß im Mittel in der nächsten Zeiteinheit $\lambda N(t)$ von ihnen zerfallen werden. Die Größe

$$A(t) = \lambda N(t)$$

heißt *Aktivität* und gibt die mittlere Zerfallsrate (Anzahl der Zerfälle je Zeiteinheit) an. Sie ist gleich der zeitlichen Änderung der jeweils noch vorhandenen

Anzahl von Atomkernen[4]. Ihre Einheit ist das *Becquerel* (Bq). Die Aktivität
1 Bq entspricht im Mittel einem Kernzerfall in einer Sekunde. Mit Hilfe des
Zerfallsgesetzes erhält man für den zeitlichen Verlauf der Aktivität

$$A(t) = \lambda N_0 \cdot e^{-\lambda \cdot t} = A_0 e^{-\lambda \cdot t},$$

wobei $A_0 = \lambda N_0 = \frac{\ln 2}{T_{1/2}} N_0$ gesetzt wurde.

Von den zahlreichen Anwendungen der Radionuklide in naturwissenschaft-
lichen Disziplinen, in der Technik und in der Medizin wollen wir an dieser
Stelle nur auf ein Verfahren zur Bestimmung des Alters archäologischer Funde
hinweisen, welches den „Zeittakt" des radioaktiven Zerfalls ausnutzt.

4.3.1 Die ^{14}C-Methode

Die Erdatmosphäre enthält einen gewissen Anteil Kohlenstoffdioxid (CO_2).
Der darin enthaltene Kohlenstoff besteht zu einem sehr geringen Teil aus dem
radioaktiven Isotop $^{14}_{6}$C. Dieses Isotop wird durch Beschuß des Luftstickstoffs
mit schnellen Neutronen aus der kosmischen Strahlung gebildet:

$$^{14}_{7}\text{N} + \text{n} \longrightarrow {}^{14}_{6}\text{C} + \text{p}.$$

Der $^{14}_{6}$C-Kern zerfällt mit einer Halbwertzeit von 5730 Jahren wieder in $^{14}_{7}$N. Die
zerfallenen Kohlenstoffkerne werden ständig durch neuentstehende Kerne nach
obigem Prozeß ersetzt. Es herrscht ein Gleichgewicht zwischen Zerfallsrate und
Bildungsrate, so daß das Verhältnis von dem stabilen $^{12}_{6}$C und dem radioaktiven
$^{14}_{6}$C zeitlich konstant bleibt[5].

Beide Isotope werden durch Assimilation des CO_2 von den Pflanzen aufgenommen, solange die Atmung der Pflanzen anhält. In den lebenden Pflanzen
stellt sich daher ebenfalls ein zeitlich konstantes Isotopenverhältnis ein. Nach
dem Absterben der Pflanze wird kein radioaktiver Kohlenstoff mehr nach-
geliefert; die Konzentration des $^{14}_{6}$C-Isotops nimmt nun mit der genannten
Halbwertszeit ab.

Aus der Kenntnis des Isotopenverhältnisses von $^{14}_{6}$C und $^{12}_{6}$C in lebenden
Pflanzen und der Messung des Verhältnisses an abgestorbenen Pflanzen kann
mit Hilfe des Zerfallsgesetzes ermittelt werden, seit wann eine Pflanze kein
CO_2 mehr assimiliert hat.

---

[4] Verwendet man den hier umgangenen Begriff der Ableitung, so ist die Aktivität bis auf das
Vorzeichen gleich der Ableitung der Anzahl vorhandener Atomkerne nach der Zeit.

[5] Durch Freisetzung enormer CO_2-Mengen aus der Verbrennung fossiler Brennstoffe sind aber
Veränderungen möglich, ebenso durch Schwankungen der Sonnenaktivität.

Der Kohlenstoff gelangt über die Pflanze auch in den Körper der Tiere und der Menschen, wo sich ebenfalls eine spezifische Gleichgewichtskonzentration der Kohlenstoffisotope einstellt, solange der Organismus lebt. Nach dem Ableben nimmt auch hier der $_6^{14}$C-Gehalt nach dem Zerfallsgesetz ab. Daher ist es möglich, Altersbestimmungen an Holzresten, Knochen, Leder und anderen organischen Substanzen vorzunehmen.

Es existieren also in jeder Pflanze und in jedem Lebewesen gleichsam zwei Arten von „Uhren". Die eine Uhr ist die biologische, die zu gehen beginnt, wenn das Lebewesen geboren wird und stehen bleibt, wenn es stirbt. Die „Zeiger" dieser Uhr sind die altersbedingten Veränderungen des Organismus (z.B. Jahresringe der Bäume). Die andere Uhr ist die „$_6^{14}$C-Uhr", die das Alter nach dem Tod anzeigt. Sie wird mit dem Ableben aufgezogen und geht „im Prinzip ewig" (d.h. bis zum Zerfall des letzten ^{14}C-Kerns), praktisch so lange, bis die Nachweisgrenze für $_6^{14}$C unterschritten ist. Die Radioaktivität ist hier der „Zeiger".

Wegen der relativ kurzen Halbwertszeit des $_6^{14}$C-Nuklids ist die $_6^{14}$C-Methode auf jüngere Objekte, deren Alter zwischen 1 000 und 50 000 Jahren liegt, beschränkt. Es gibt eine ganze Reihe anderer natürlicher Radioisotope zur Bestimmung unterschiedlich großer Altersspannen für verschiedene Materialien.

4.4 Der β-Zerfall

Rekapitulieren wir zunächst, was bisher über den β-Zerfall in diesem Band mitgeteilt wurde: Es gibt zwei Arten von Zerfällen, den β^-- und den β^+-Zerfall. Beim ersten wird ein Elektron, beim letzten ein Positron emittiert. Dabei wandelt sich im Kern ein Neutron in ein Proton bzw. ein Proton in ein Neutron um; die Massenzahl A des Atomkerns ändert sich also nicht, und die elektrische Ladung des gesamten Systems bleibt erhalten. Beta-Zerfälle sind energetisch möglich, da isobare Atomkerne verschiedene Massen besitzen (Massenparabel, Kap. 4.1.3) – somit unterschiedliche Bindungsenergien – und stets der energetisch tiefste Zustand (Zustand größter Bindungsenergie) angestrebt wird.

Auch die Masse des Neutrons ist geringfügig größer als die des Protons (s. Tabelle 2.1, S. 50). Daher ist das *freie Neutron nicht stabil* und wandelt sich unter Aussendung eines Elektrons mit einer Halbwertszeit von 10,6 min in das stabile Proton um. Die für β-Zerfälle sehr lange Lebensdauer des Neutrons erklärt sich u.a. aus der geringen Massendifferenz von Neutron und Proton. Je größer die bei einem Zerfall freiwerdende Energie ist, um so wahrscheinlicher ist der Übergang und um so kürzer lebt das zerfallende Objekt. Diese Regel gilt allgemein für alle radioaktiven Zerfälle.

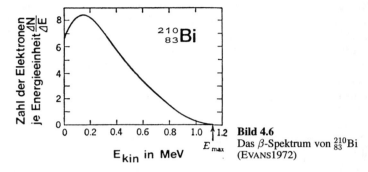

Bild 4.6
Das β-Spektrum von $^{210}_{83}$Bi
(EVANS1972)

Wenn das Neutron nicht stabil ist, warum gibt es dann überhaupt Neutronen im Atomkern? Warum zerfallen diese nicht? Die Antwort auf die Frage nach der Stabilität der Neutronen im Nukleonenverband der Kernmaterie kann aus Bild 3.7 (S. 79) abgelesen werden. Durch die unterschiedlichen Potentialtopftiefen für Protonen und Neutronen belegt das „letzte" Neutron *in den β-stabilen Kernen* ein Energieniveau, welches – anders als in der Abbildung – *tiefer* liegt als der tiefstliegende, noch nicht voll besetzte Zustand auf der Protonenseite. Für einen Übergang vom „Neutronenlager" ins „Protonenlager" müßte Energie zugeführt werden. (Wenn hingegen ein unbesetzter Neutronenzustand unterhalb der besetzten Protonenzustände im Potentialtopf liegt, wird der Übergang von einem Proton in ein Neutron begünstigt, obwohl das freie Proton stabil ist.)

Stellen wir uns das zerfallende Neutron ruhend vor, so müssen sich die beiden Zerfallsteilchen, falls das Neutron in ein Proton und ein Elektron zerfällt, aus Impulserhaltungsgründen unter einem Winkel von 180° auseinanderbewegen. Ihre Energien sind aber dann ebenfalls festgelegt. Demnach sollte das Energiespektrum der Elektronen aus einer einzigen scharfen „Linie", die der festen kinetischen Energie des Zerfallselektrons entspricht, bestehen. Experimentell beobachtet man aber eine *kontinuierliche Energieverteilung* der Zerfallselektronen. Bild 4.6 enthält ein typisches Beispiel des Elektronen-Energiespektrums eines β-Zerfalls. Die mit E_{max} gekennzeichnete Grenzenergie, oberhalb der keine Elektronen mehr auftreten, ist die aufgrund der am Übergang beteiligten Kernzustände zu erwartende Energie. Den meisten Zerfallselektronen fehlt demnach Energie.

Nicht nur die experimentellen Energiespektren widersprechen der oben skizzierten Vorstellung eines Zweikörperzerfalls, sondern noch weitere experimentelle Fakten sind nicht im Einklang mit der bisherigen Darstellung des β-Zerfalls als Zerfall eines Nukleons in ein anderes Nukleon und ein positiv oder negativ geladenes Elektron. Die Erhaltung des Drehimpulses wäre bei einem Zweikörperzerfall ebenfalls verletzt. Betrachten wir zur Erläuterung den β⁻-Zerfall des superschweren Wasserstoffisotops ${}_1^3$H (Tritium):

$$ {}_1^3\text{H} \longrightarrow {}_2^3\text{He} + e^- + \text{Energie.} $$

Die Quantenzahlen der Eigendrehimpulse von ${}_1^3$H, ${}_2^3$He (vgl. Kap. 3.2.2) und des Elektrons haben jeweils den Wert 1/2. Wir haben also auf der rechten Seite zwei Spin-1/2-Teilchen und auf der linken Seite nur eines. Die Quantenzahl für den Gesamtdrehimpuls auf der rechten Seite kann nach den quantenmechanischen Regeln über die Kopplung von Drehimpulsen nur die Werte 0 oder 1 annehmen (antiparallele (↑↓) oder parallele (↑↑) Kopplung der Einzeldrehimpulse), wenn man einen eventuellen relativen Bahndrehimpuls der Zerfallsteilchen unberücksichtigt läßt. Die Werte des Bahndrehimpulses sind durch ganzzahlige Quantenzahlen festgelegt. Eine Kopplung von Bahndrehimpuls (ganzzahlig) und Eigendrehimpuls (ebenfalls ganzzahlig) liefert für das ${}_2^3$He-e⁻-System auf keinen Fall einen Drehimpuls mit halbzahliger Quantenzahl wie für den Tritiumkern. – Das bisher skizzierte Bild des β-Zerfalls muß also revidiert werden.

Während man nach der Entdeckung des β-Zerfalls anfänglich an eine Verletzung der Energieerhaltung glaubte, ließen die experimentellen Daten, welche – wie skizziert – weitere fundamentale Gesetze zu mißachten schienen, Wolfgang PAULI 1930 die Vermutung äußern, daß beim β-Zerfall ein drittes Teilchen, das „Neutrino" (er nannte es damals noch „Neutron", das mit dem 1932 entdeckten Nukleon nichts zu tun hat) im Spiel sei. Er schrieb am 4. Dezember 1930 von der Eidgenössischen Technischen Hochschule Zürich an die Kollegen der Tübinger Physikertagung (LÜSCHER/JODL 1971):

„Liebe radioaktive Damen und Herren,

wie der Überbringer dieser Zeilen, den ich huldvollst anzuhören bitte, Ihnen des näheren auseinandersetzen wird, bin ich ... auf einen verzweifelten Ausweg verfallen, um den ‚Wechselsatz' der Statistik und den Energiesatz zu retten. Nämlich die Möglichkeit, es könnten elektrisch neutrale Teilchen, die ich Neutronen nennen will, in dem Kern existieren, welche den Spin 1/2 haben und das Ausschließungsprinzip befolgen ... Das kontinuierliche β-Spektrum wäre dann verständlich unter der Annahme, daß beim β-Zerfall mit dem Elektron jeweils noch ein Neutron emittiert wird, derart, daß die Summe der Energien von Neutron und Elektron konstant ist. Ich traue mich vorläufig aber nicht, etwas über diese Idee zu publizieren, und wende mich erst vertrauensvoll an Euch, liebe Radioaktive, mit der Frage, wie es um den experimentellen Nachweis eines solchen Neutrons stände, wenn dieses ein ebensolches oder etwa 10mal größeres Durchdringungsvermögen besitzen würde wie ein γ-Strahl.

Ich gebe zu, daß mein Ausweg vielleicht von vornherein wenig wahrscheinlich erscheinen mag, ... Aber nur wer wagt, gewinnt ... Also, liebe Radioaktive, prüfet und richtet. – Leider kann ich nicht persönlich in Tübingen erscheinen, da ich infolge eines in der Nacht vom 6. zum 7. Dez. in Zürich stattfindenden Balles hier unabkömmlich bin.

– Mit vielen Grüßen ...   Euer untertänigster Diener
                                                          W. PAULI."

PAULI sollte recht behalten. Es dauerte allerdings noch 25 Jahre, bis das Neutrino (genauer: das Antineutrino, s. unten) experimentell nachgewiesen werden konnte. Warum die Entdeckung des Neutrinos so lange auf sich warten ließ, liegt an den außergewöhnlichen Eigenschaften dieses Teilchens, die wir anschließend besprechen wollen. Die Zerfallsreaktion des Neutrons sieht so aus:

$$n \longrightarrow p + e^- + \bar{\nu}_e.$$

Das Symbol $\bar{\nu}_e$ steht für Elektron-Antineutrino. Wie PAULI angedeutet hat, führt es den dem Zerfallselektron beim β-Zerfall fehlenden Energiebetrag mit sich und bringt als Spin-1/2-Teilchen die Drehimpulsbilanz „in Ordnung". Analog läßt sich der β^+-Zerfall durch gleichzeitige Emission eines Positrons e^+ und eines Elektronneutrinos ν_e erklären.

4.4.1 Ausblick: Neutrinos und schwache Wechselwirkung

Dieses längere Unterkapitel ist als Ergänzung gedacht. Es führt von der eigentlichen Kernphysik weg hinein in den Bereich der Elementarteilchenphysik und soll einen Einblick in aktuellere Fragen physikalischer Forschung vermitteln.

Die Beteiligung eines dritten Teilchens neben Elektron und „Restkern" am β-Zerfall wurde zunächst indirekt aus der „fehlenden Energie" und der Unstimmigkeit in der Drehimpulsbilanz erschlossen. Weitere indirekte Hinweise auf seine Existenz liefern Nebelkammeraufnahmen (s. Kap. 6.5), auf denen nach einem β-Zerfall eine Elektronenspur z.B. nach rechts oben und die Spur des zerfallenen Kerns ebenfalls vom Zerfallsort nach rechts wegführt. Existierten nur diese beiden Zerfallsprodukte, so wäre der Impulserhaltungssatz verletzt. Spuren eines dritten Teilchens sind aber auf derartigen Aufnahmen nicht zu finden. Dieses Neutrino besitzt somit offenbar nur eine sehr geringe Wahrscheinlichkeit für eine Wechselwirkung mit anderen Teilchen. Das macht seinen experimentellen Nachweis äußerst schwierig. Vor der Beschreibung dieses Experiments werden zunächst einige Eigenschaften der Neutrinos zusammengestellt, aus denen sich auch die oben verwendete Bezeichnung Elektron-Antineutrino erklärt.

Nach einer fundamentalen Symmetrieeigenschaft der Natur gibt es zu jedem Teilchen ein sog. *Antiteilchen* (Antimaterie!). Teilchen und Antiteilchen haben die gleiche Masse, den gleichen Eigendrehimpuls und das gleiche magnetische Moment. Sie unterscheiden sich im Vorzeichen ihrer elektrischen Ladung und in weiteren ladungsartigen (= additiven) Quantenzahlen, die hier nicht erwähnt zu werden brauchen. Das Elektron und „sein" Neutrino gehören in eine Familie von sechs sich sehr ähnlich verhaltenden Elementarteilchen: den Teilchen Elektron (e), Myon (μ) und Tauon (τ) mit der elektrischen Ladung $-e$ sowie den neutralen Teilchen Elektron-Neutrino (ν_e), Myon-Neutrino (ν_μ) und Tauon-Neutrino (ν_τ). Entsprechend gibt es die zugehörige Antifamilie. Man nennt die Mitglieder der beiden Familien *Leptonen*[6] bzw. Antileptonen.

Alle Leptonen sind Spin-1/2-Teilchen. Gemeinsam ist ihnen ferner, daß sie die starke Kraft nicht „spüren", die für die Wechselwirkung zwischen den Nukleonen verantwortlich ist. Die Zusammengehörigkeit der Leptonen kommt auch dadurch zum Ausdruck, daß in jeder Wechselwirkungsreaktion die Lepton-Quantenzahl erhalten bleibt. Ordnet man den Leptonen die Familienkennzahl 1 und den Antileptonen die Kennzahl -1 (Lepton-Quantenzahl, kurz: Leptonzahl) zu, so muß in jeder Reaktion die Summe der Leptonzahlen vor und nach der Reaktion dieselbe sein. Im Beispiel des Neutronzerfalls bedeutet dies, daß hier nach dieser Konvention ein Antineutrino auftreten muß.

$$\text{n} \longrightarrow \text{p} + \text{e}^- + \bar{\nu}_e$$
$$\text{Leptonzahl:} \quad 0 \qquad\quad 0 \qquad 1 \qquad\quad -1$$

Experimentelle Beobachtungen sprechen dafür, daß man zwischen Elektron-Leptonzahl, Myon-Leptonzahl und Tauon-Leptonzahl unterscheiden muß. Für jede dieser Quantenzahlen scheint es einen eigenen Erhaltungssatz zu geben. Deswegen muß korrekterweise das Antineutrino in der obigen Zerfallsgleichung den Index e erhalten. Der Zerfall

$$\text{n} \longrightarrow \text{p} + \text{e} + \bar{\nu}_\mu$$

z.B. wurde bis heute nicht beobachtet.

Neben den bereits erwähnten haben die Neutrinos folgende Eigenschaften:

• Sie haben keine oder eine sehr kleine Ruhmasse. Für die Elektron-Neutrinos kann man dies aus der Energieverteilung der Elektronen beim β-Zerfall schließen (s. Bild 4.6, S. 106): Es treten auch (sehr wenige) Elektronen auf, die nahezu die maximal zur Verfügung stehende Energie besitzen; das Neutrino muß in diesen Fällen mit einer nahe bei 0 liegenden Energie

---

[6] leptos (gr.): leicht. Mit der Entdeckung des Tauons (Mitte der siebziger Jahre), das eine Ruhmasse entsprechend 1,8 GeV – also fast die doppelte Ruhmasse des Nukleons – besitzt, hat dieser Name seinen ursprünglichen Sinn allerdings eingebüßt.

emittiert werden, kann also nur eine extrem kleine Ruhmasse besitzen. Die obere experimentelle Grenze der Ruhenergie des Elektron-Neutrinos liegt bei ca. 7 eV[7] (zum Vergleich: die Ruhenergie des Elektrons beträgt 0,5 MeV).

- Sie tragen keine elektrische Ladung und haben kein magnetisches Moment, können also nicht elektromagnetisch wechselwirken.

- Sie können mit Materie nur über die schwache Kraft in Wechselwirkung treten. Wie gering die Wechselwirkungswahrscheinlichkeit der Neutrinos ist, illustriert folgendes Bild: Reihe man eine Million Sonnen hintereinander auf und schickte man in die erste Sonne einen Strahl Neutrinos, so verließen noch die Hälfte der Neutrinos die letzte Sonne völlig unbeeinflußt. Die Millionen Sonnen sind für die Neutrinos so durchsichtig wie eine Glasscheibe von einigen Zentimetern Dicke für Licht, also für Photonen. Jeden von uns durchqueren in jeder Sekunde etwa hundert Milliarden Neutrinos aus dem Innern der Sonne und aus dem Weltraum. Eine unvorstellbare Situation!

Die extrem geringe Neigung der Neutrinos, mit Materie in Wechselwirkung zu treten, macht es den Physikern so schwer, Neutrinos nachzuweisen und mit ihnen zu experimentieren. Will man überhaupt eine Chance haben, Reaktionen von Neutrinos mit Atomkernen zu beobachten, muß man mit sehr hohen Neutrinoströmen arbeiten. Kernreaktoren z.B. sind Quellen hoher Antineutrinoraten. Pro Kernspaltung ereignen sich dort im Mittel 6 β^--Zerfälle, bei denen die gleiche Zahl Antineutrinos vom Elektron-Typ frei wird. In einem 100 MW-Reaktor laufen etwa $3 \cdot 10^{18}$ Spaltungen je Sekunde ab. In 4 m Entfernung durchqueren ca. 10^{13} Antineutrinos je Sekunde die Fläche eines Quadratzentimeters. An einem Reaktor gelang es den Amerikanern C.L. COWAN, F. REINES und Mitarbeitern auch, in einer sich über Jahre erstreckenden Serie von Experimenten das Elektron-Antineutrino sicher nachzuweisen (C.L. COWAN et al. 1956).

Grundlage des Nachweises ist letztlich die Umkehrbarkeit der Reaktionen zwischen den Elementarteilchen und Ausgangspunkt der Zerfall des Neutrons gemäß

$$n \longrightarrow p + e^- + \bar{\nu}_e.$$

Ein auslaufendes Teilchen in einer Wechselwirkungsreaktion – hier das Elektron z.B. oder das Elektron-Antineutrino – ist in der quantenfeldtheoretischen Beschreibung von Wechselwirkungsprozessen gleichbedeutend mit einem einlaufenden Antiteilchen. Demnach sind die folgenden Gleichungen äquivalent mit der Zerfallsgleichung für das Neutron und im Einklang mit der Leptonzahlerhaltung:

---

[7] PARTICLE DATA GROUP: Review of Particle Properties. Phys. Rev D50/3, Part I(1994), 1390.

$$n + \nu_e \longrightarrow p + e^-$$
(4.1) $\quad\quad\quad\quad n + e^+ \longrightarrow p + \bar{\nu}_e \, .$

(Das Antiteilchen des Elektrons ist das Positron.) Mit der zur ersten Gleichung gehörenden Reaktion könnte man Elektron-Neutrinos nachweisen. Jede Reaktion läßt sich prinzipiell auch umkehren, so daß wir aus der letzten Gleichung

$$p + \bar{\nu}_e \longrightarrow n + e^+ \, .$$

erhalten. Die durch diese Gleichung beschriebene Reaktion wurde zum Nachweis des Elektron-Antineutrinos ausgenutzt.

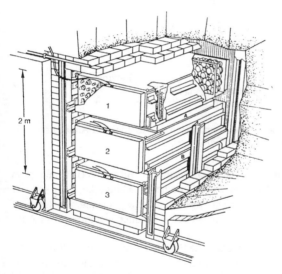

Bild 4.7 Experimentelle Anordnung von REINES, COWAN und Mitarbeitern (H. FAISSNER in SÜSSMANN/FIEBIGER 1968). 1, 2 und 3 sind Tanks mit je 1800 Liter Szintillatorflüssigkeit zum Nachweis von Gammastrahlung (s. Kap. 6.3). A und B sind Wassertanks. Sie dienten als „Target" für die Antineutrinos aus dem Reaktor.

Die großartige experimentelle Leistung gelang mit der in Bild 4.7 skizzierten Anordnung. Der Ablauf des Experiments ist in Bild 4.8 schematisch dargestellt. Ein von links in einen Wassertank einfallendes Antineutrino trifft auf ein Proton und löst die Reaktion

$$\bar{\nu}_e + p \longrightarrow n + e^+$$

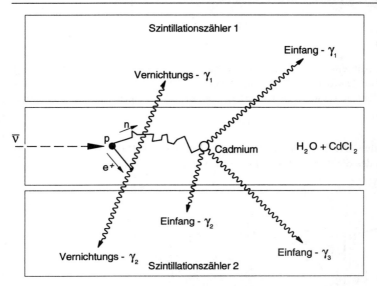

Bild 4.8 Schema des Experimentes zum Nachweis des Elektron-Antineutrinos $\bar{\nu}_e$ (H. FAISSNER in SÜSSMANN/FIEBIGER 1968)

aus. Das erzeugte Positron vernichtet sich zusammen mit einem Hüllenelektron zu zwei γ-Quanten. Das Neutron wird von einem Cadmiumkern (im Wasser ist etwas $CdCl_2$ gelöst) eingefangen, wobei mehrere γ-Quanten ausgesandt werden (freiwerdende Bindungsenergie!). Die γ-Quanten werden in zwei Szintillationszählern nachgewiesen.

Das für die Neutrinoreaktion spezifische Ereignismuster in einem Wust anderer Untergrund-Ereignisse, auf die die Detektoren ansprechen, sieht nun so aus: Zur Erkennung der Positronvernichtung müssen beide γ-Zähler gleichzeitig ansprechen. Zusätzlich wird verlangt, daß 1 bis 30 μs danach (Abbremszeit des erzeugten Neutrons bis zum Einfang) ein Neutroneneinfang registriert wird – nachgewiesen durch wiederum eine zeitliche Koinzidenz von mindestens zwei Einfang-γ-Quanten in getrennten Zählern. Es wird also insgesamt eine dreifache zeitliche Koinzidenz von Szintillationssignalen gefordert: für die beiden Vernichtungsquanten für sich, für die Einfang-Gammaquanten für sich und eine „verzögerte Koinzidenz" zwischen den beiden ersten Koinzidenzsignalen. Diese Bedingungen sind so scharf, daß alle störenden Prozesse, die durch Umgebungs- und Höhenstrahlung hervorgerufen werden, eliminiert werden. Die echte Reaktionsrate betrug $3 \pm 0,2$ je Stunde.

Trotz dieses Nachweises sind auch heute noch eine Reihe offener Fragen mit den Neutrinos verbunden. Bei Fusionsprozessen in der Sonne entstehen Neutrinos, die auf die Erde gelangen. Zu ihrem Nachweis benutzt man die mit der Erzeugung eines Elektrons verbundene Neutrino-Nukleon-Reaktion (S. 111). Dadurch ist man nur für Elektron-Neutrinos sensitiv, denn das Myon-Neutrino (und ebenso das Tauon-Neutrino) kann durch Wechselwirkung mit Nukleonen keine Elektronen erzeugen (Erhaltung der jeweiligen Leptonzahl). Die bisherigen experimentellen Daten weisen einen geringeren Neutrinofluß aus als den, der aufgrund heutiger Vorstellungen von den in der Sonne ablaufenden Prozessen zu erwarten wäre. Dieses Neutrinodefizit stellt eines der brennendsten Probleme der heutigen Astrophysik dar. Die Jagd nach den Sonnenneutrinos wird unter großem wissenschaftlichen und finanziellen Aufwand vorangetrieben. Eine mögliche Erklärung für den zu geringen Neutrinofluß besteht darin, daß man annimmt, daß sich die drei Neutrinoarten ineinander umwandeln können. Ein Elektron-Neutrino, das in der Sonne durch β-Zerfall erzeugt wird, könnte auf der Erde z.B. als Myon-Neutrino ankommen und somit dem Nachweis entgehen. Die Frage dieser sog. Neutrinooszillation steht im Zusammenhang mit der Frage, ob Neutrinos masselose Teilchen sind oder nicht (s. oben). Die Größe der Neutrino-Ruhmasse spielt auch in Vorstellungen über die künftige Entwicklung des Weltalls eine Rolle, die davon abhängt, wie groß die gesamte Masse im Universum ist.[8].

Schwache Wechselwirkung (und der Physik-Nobelpreis 1984)

Wie in Kap. 2.2.2 bereits kurz erläutert wurde, beschreibt die Quantenfeldtheorie die Wechselwirkung von Elementarteilchen durch den Austausch von Elementarteilchen. Die den β-Zerfall bewirkende Wechselwirkung ist extrem schwach (etwa 5 Zehnerpotenzen schwächer als die Kernkraft) und von äußerst kurzer Reichweite. Aus der reziproken Beziehung von Reichweite einer Kraft und Masse des Feldquants (s.S. 59) folgt, daß die Mittlerteilchen dieser sog. schwachen Wechselwirkung sehr schwer sein müssen. Die Existenz drei dieser Teilchen wurde postuliert. Zwei sollten geladen sein (die sogenannten W-Bosonen W^+, W^-; weak = schwach) und eines ungeladen (als Z-Boson Z^0 bezeichnet). Eigens für das Aufspüren dieser seit langem gesuchten Teilchen wurde am europäischen Kernforschungszentrum CERN bei Genf eine Riesenbeschleunigeranlage gebaut, bei der in einem 7 km Umfang messenden Ringbeschleuniger gleichzeitig Protonen und Antiprotonen auf eine Endenergie von

---

[8] Weitergehende Informationen zu diesem Thema finden Sie z.B. in:

BÖRNER, G., EHLERS, J., MEIER, H. (Hrsg.): Vom Urknall zum komplexen Universum. Serie Piper, Bd. 1850. Piper, München 1993.

RIORDAN, M. und SCHRAMM, D. N.: Die Schatten der Schöpfung – Dunkle Materie und die Struktur des Universums. Spektrum Akademischer Verlag, Heidelberg 1993.

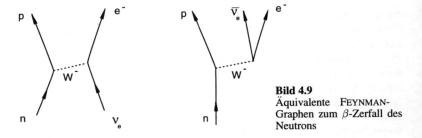

Bild 4.9
Äquivalente FEYNMAN-
Graphen zum β-Zerfall des
Neutrons

270 Gigalektronenvolt $(270 \cdot 10^9 \text{ eV})$ gebracht und dann frontal aufeinander-geschossen werden. Die gigantischen Anstrengungen waren Anfang 1983 von Erfolg gekrönt. Alle drei Teilchen konnten eindeutig identifiziert werden. Ihre Massen entsprechen den theoretisch vorhergesagten Werten: Die Feldquanten der schwachen Wechselwirkung sind danach 90mal schwerer als das Nukleon. Das entspricht einer Reichweite (s. S. 59) von

$$r_0 \approx \frac{\hbar c}{mc^2} \approx 2 \cdot 10^{-18} \text{ m}.$$

Es ist einzusehen, warum die schwache Kraft so schwach ist. Es muß eine Energie in der Größenordnung der Ruhmasse des Mittlerteilchens von über 80 GeV übertragen werden. Die „Reaktionszeit" hierfür ist sehr klein (s. Kap. 2.2.2), und die Teilchen müssen sich sehr nahe kommen. Dies ergibt eine sehr kleine Reaktionswahrscheinlichkeit, und daraus erklärt sich auch die relativ lange Lebensdauer von Teilchen, die nur „schwach" zerfallen können. Sie liegt typisch in der Größenordnung von 10^{-10} s und kann bis in den Minutenbereich reichen, wie der β-Zerfall des Neutrons zeigt. Ein Zahlenbeispiel zur geringen Wechselwirkungswahrscheinlichkeit des Neutrinos fanden Sie bereits oben. Den FEYNMAN-Graphen des Neutronzerfalls, der mit dem Graphen der Neutrinowechselwirkung

$$\text{n} + \nu_e \longrightarrow \text{p} + e^-$$

äquivalent ist, zeigt Bild 4.9.

Für ihre entscheidenden Beiträge zum Nachweis der beiden W- und des Z-Bosons wurden Carlo RUBBIA und Simon VAN DER MEER (CERN) mit dem Physik-Nobelpreis 1984 ausgezeichnet.

4.5   Der α-Zerfall

In diesem Kapitel sollen die bisherigen Kenntnisse über den α-Zerfall noch ergänzt werden. Dabei wird an Kap. 4.1.4 angeknüpft, wo bereits einige Fragen zum Zerfallsprozeß angedeutet wurden.

Die Energiespektren der α-Strahler sind *diskret*, d.h. ein Nuklid emittiert beim α-Zerfall nur α-Teilchen mit ganz bestimmten Energien (s. hierzu Bild 4.14, S. 121), wie es z.b. nach den Ausführungen in Kap. 4.1.4 oder denen in Kap. 3.2 zu erwarten ist. Demgegenüber werfen die folgenden experimentellen Befunde zunächst Fragen auf:

- Die kleinste beobachtete α-Energie liegt bei 1,83 MeV; die Energien der meisten α-Strahlen liegen typischerweise zwischen 5 und 10 MeV.

  Nach Kap. 4.1.4 sollte der α-Zerfall dann möglich sein, wenn die Abspaltung des α-Teilchens eine positive Energiebilanz aufweist, d.h. wenn die kinetische Energie des emittierten α-Teilchens $E_\alpha > 0$ ist. Die beobachteten α-Energien sollten also bei dem Schwellenwert 0 – oder zumindest bei sehr kleinen Energien – beginnen. Warum ist dies nicht der Fall?

- Wenn die Energiebilanz positiv ist und durch die Abspaltung Energie freigesetzt wird, warum zerfallen die α-instabilen Nuklide nicht sofort? Die Halbwertszeiten der α-Strahler reichen bis 10^{15} a!

- Es gibt eine starke Korrelation zwischen der Energie des emittierten α-Teilchens und der Halbwertszeit des emittierenden Nuklids: Je größer die kinetische Energie der α-Teilchen ist, desto kleiner ist die Halbwertszeit des α-Strahlers. In Bild 4.10 sind die Halbwertszeiten einiger α-Strahler in Abhängigkeit von der kinetischen Energie der α-Teilchen graphisch dargestellt. Die Kurvenzüge verbinden die α-aktiven Isotope der angegebenen Elemente.

  Der Verlauf der Kurven zeigt, daß für alle verwendeten Isotope die Halbwertszeit nach Vorgabe der Kernladungszahl allein durch die kinetische Energie der α-Teilchen festgelegt ist. Ferner erkennt man, daß sich bei festgehaltener kinetischer Energie die Halbwertszeit dramatisch mit der Kernladung ändert. Für eine kinetische Energie der α-Teilchen von 6,3 MeV z.B. ändert sich $T_{1/2}$ von etwa einer Minute für Radon (Rn; $Z = 86$) bis zu etwa einem Monat für Curium (Cm; $Z = 96$). Während sich die Ladung also nur um etwa 10% ändert, steigt die Halbwertszeit um einen Faktor 10^5.

Wir beschränken uns auf eine qualitative Deutung der geschilderten Phänomene und legen unserer Diskussion die schematische Darstellung der potentiellen Energie zwischen einem α-Teilchen und einem schweren Kern in Bild 4.11 (Potentialverlauf) zugrunde. Dieses Schema geht von der vereinfachenden Annahme aus, daß das α-Teilchen nahezu punktförmig und der Kernrand scharf ist (Radius R_0). Die Energie E_α des α-Teilchens ist gleich seiner kinetischen Energie in großer Entfernung vom Kern.

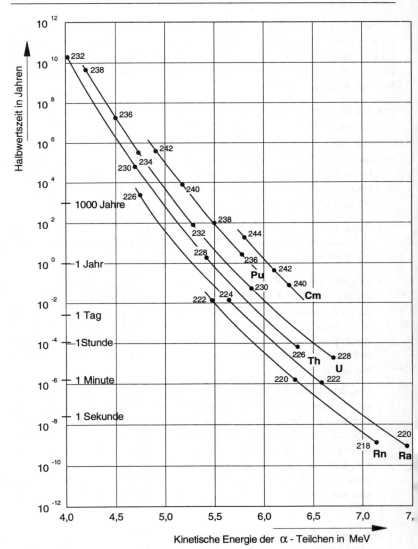

Bild 4.10 Die Halbwertszeit einiger α-Strahler in Abhängigkeit von der kinetischen Energie der α-Teilchen.

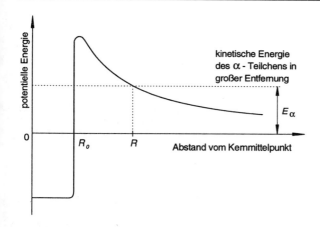

Bild 4.11 Potentialverlauf für ein α-Teilchen im Feld eines schweren Kerns

Betrachtet man zunächst einmal rein klassisch den *umgekehrten Vorgang* zum α-Zerfall, so heißt das, daß ein α-Teilchen mit der anfänglichen kinetischen Energie E_α sich dem Kern nähert und aufgrund der abstoßenden, langreichweitigen COULOMBkraft zwischen ihm und dem Kern kinetische Energie zugunsten seiner potentiellen Energie verliert. Das α-Teilchen läuft quasi einen Potentialberg hinauf. Die potentielle Energie des α-Teilchens wird bis zum „Rand" des Zielkerns wegen der kurzen Reichweite der Kernkraft ausschließlich von der COULOMBkraft bestimmt. Reicht die kinetische Energie aus, um das α-Teilchen in den Kern eindringen zu lassen, erfährt es die stark anziehende Kernkraft, welche die potentielle Energie insgesamt ins Negative absenkt. Dazu müßte nach dieser Vorstellung E_α mindestens gleich dem Maximum der potentiellen Energie sein. Andernfalls könnte sich das α-Teilchen dem Kern z.B. nur bis zum Ort R nähern.

Als Näherung für das Maximum der potentiellen Energie kann die COULOMBenergie des α-Teilchens an der Oberfläche des Tochterkerns – also des zerfallenen Kerns – abgeschätzt werden. Das Ergebnis für einen willkürlich herausgegriffenen typischen α-Strahler, z.B. das häufigste Uranisotop $^{238}_{92}$U, ist überraschend: $^{238}_{92}$U zerfällt durch α-Emission in $^{234}_{90}$Th. Der Kernradius von $^{234}_{90}$Th ist nach Kap. 1.2.4 näherungsweise

$$R_0 = 1{,}2 \cdot 10^{-15} \cdot \sqrt[3]{234} \text{ m} = 7{,}4 \cdot 10^{-15} \text{ m}.$$

Die COULOMBenergie im Abstand R_0 beträgt für das als punktförmig angenommene α-Teilchen

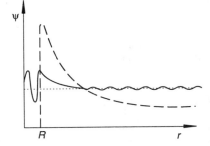

Bild 4.12
Realteil der Wellenfunktion für ein hinter
einem Potentialwall eingesperrtes Teilchen
(WEIDNER/SELLS 1982). R ist der Kernradius.

$$E_C = \frac{1}{4\pi\epsilon_0} \cdot \frac{2Z \cdot e^2}{R_0} = 0{,}56 \cdot 10^{-11} \text{ J} = 35 \text{ MeV}.$$

Die gemessene α-Energie ist aber nur 4,2 MeV. In unserem rückwärts ablaufenden Prozeß wäre das α-Teilchen nicht in der Lage, den Kernrand des
Th-Kerns zu erreichen (s. Bild 4.11). Umgekehrt kann es nach den bisherigen
Überlegungen unmöglich aus der Potentialmulde im Kerninnern über den COU-
LOMBwall mit 35 MeV Höhe ins Freie gelangen. Die Gesamtenergie im Inneren
des Kerns, die sich aus kinetischer und potentieller Energie zusammensetzt, beträgt (bei Vernachlässigung der Rückstoßenergie des Th-Kerns beim Zerfall)
aus Gründen der Energieerhaltung 4,2 MeV wie im Außenraum in unendlicher
Ferne. Obwohl diese Energie positiv ist, würde das α-Teilchen klassisch gesehen im „COULOMBgefängnis" festgehalten werden. Die klassische Physik kann
in der Tat den α-Zerfall nicht erklären.

Einen Ausweg aus diesem „Dilemma" liefert die Quantenmechanik. Die hier
beim α-Zerfall vorliegende Situation ist ähnlich der, wie sie Ihnen von der
Diskussion des „Tunneleffekts" her bekannt ist. Löst man die SCHRÖDINGER-
Gleichung für ein hinter einem Potentialwall eingesperrtes Teilchen, so verhält
sich der Realteil der Wellenfunktion qualitativ wie in Bild 4.12 dargestellt.
Drei Bereiche sind zu unterscheiden: Potentialtopf, Potentialwall, Außenraum.
Im Potentialtopf und im Außenraum verläuft der Realteil der Wellenfunktion
periodisch; die Verbindung wird durch einen exponentiell abfallenden Kurven-
zug hergestellt. Die Wahrscheinlichkeitsinterpretation der Wellenfunktion gibt
über den Aufenthaltsort des α-Teilchens Auskunft. Der Wellenzug im Außenraum mit sehr kleiner Amplitude besagt, daß ein ursprünglich im Kern befind-
liches α-Teilchen mit einer sehr kleinen, aber endlichen Wahrscheinlichkeit
auch außerhalb des Kerns angetroffen werden kann. Es ist in der Lage, durch
den Potentialberg „hindurchzutunneln". Die Deutung des α-Zerfalls durch den
„Tunneleffekt" wurde erstmalig 1928 von G. GAMOV sowie von R.W. GURNEY
und E.U. CONDON angeregt (GAMOV 1928; GURNEY/CONDON 1928).

Mit dieser Interpretation läßt sich die Abhängigkeit der Halbwertszeit von der α-Energie und der Kernladung plausibel machen. Die Wahrscheinlichkeit für die „Durchtunnelung" des Potentialwalles hängt sehr stark von zwei Größen ab: von der Höhe und von der Dicke des Walls. Bei fester kinetischer Energie erhöht sich mit zunehmender Kernladungszahl sowohl die Gesamthöhe als auch die zu durchtunnelnde Dicke in Höhe des Niveaus der kinetischen Energie (s. Bild 4.11, S. 117). Dies erklärt die gewaltige Veränderung der Halbwertszeit mit Z. Bei fester Kernladung hängt die Halbwertszeit von der Potentialwalldicke in Höhe des Niveaus der kinetischen Energie des α-Teilchens allein ab. Wie sich die Dicke mit der Energiehöhe ändert, wird durch das $\frac{1}{r}$-Verhalten des COULOMBpotentials bestimmt. α-Teilchen mit sehr kleiner kinetischer Energie haben auch mit „Tunneln" keine Chance, nach außen zu gelangen.

Im Beispiel des ^{238}U-Kerns bewegt sich – klassisch betrachtet – ein im Kerninnern gebildetes α-Teilchen im Potentialtopf hin und her und stößt in jeder Sekunde etwa 10^{21}mal gegen den Wall. Innerhalb der Halbwertszeit von 10^{17} s muß das α-Teilchen also – in vereinfachter Veranschaulichung – 10^{38} Fluchtversuche unternehmen, bis es ihm gelingt zu entweichen. Es ist dabei nicht vorauszusagen, bei welchem Versuch sich der Erfolg einstellt. Ein wesentlicher Aspekt dieses quantenmechanischen Phänomens besteht eben gerade darin, daß das Schicksal des einzelnen Teilchens in einer Gesamtheit nicht determiniert ist. Der α-Zerfall ist ebenso wie der β-Zerfall ein statistischer Prozeß. Klassische Bilder helfen zwar bei der Veranschaulichung von Quantenphänomenen, sie bleiben aber Bilder!

4.6 γ-Übergänge

Es ist bereits bekannt, daß die radioaktive Strahlung aus drei verschiedenen Komponenten besteht. Die Entstehung von α- und β-Strahlung haben wir behandelt. Von der γ-Strahlung wissen wir, daß es sich um energiereiche Photonen handelt. Bei ihrer Aussendung durch Atomkerne ändert sich die Zusammensetzung des Kerns nicht. Photonen werden immer dann emittiert, wenn ein quantenmechanisches System von einem höheren Energiezustand E_2 in einen Zustand geringerer Energie E_1 übergeht (s. auch Kap. 3.1). Der Energiesatz legt die Energie $h\nu$ des emittierten Photons zu

$$h\nu = E_2 - E_1$$

fest. Bild 3.4 (S. 73) enthält Energien für den Übergang vom ersten angeregten Zustand in den Grundzustand.

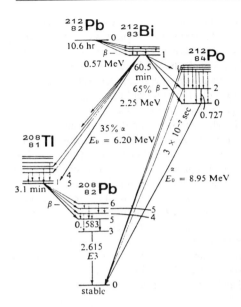

Bild 4.13
Vereinfachtes Zerfallsschema von $^{212}_{82}$Pb (nach SEGRÈ 1964). Die Energieangaben bei β^--Übergängen bezeichnen die maximale Elektronenenergie. (Die Zahlen rechts neben den Anregungsniveaus beziehen sich auf den Drehimpuls.)

Alle stabilen Kerne befinden sich normalerweise in ihrem tiefsten Energiezustand, dem Grundzustand. Sie sind daher nicht in der Lage, γ-Strahlung zu emittieren. Neben der künstlichen Energieanregung durch Kernbeschuß können bei radioaktiven Zerfällen die entstehenden Tochterkerne in einem angeregten Zustand zurückbleiben. Anregungszustände von Kernen haben – von wenigen Ausnahmen abgesehen – eine Lebensdauer in der Größenordnung 10^{-14} s. Die Folge davon ist, daß das beim radioaktiven Zerfall emittierte Teilchen mehr oder weniger prompt von einem Photon oder mehreren Photonen begleitet wird, dessen (bzw. deren) Quelle der beim Zerfall entstandene Kern ist.

Mehrere Photonen treten dann auf, wenn der Übergang von dem durch den Zerfall erzeugten Anregungszustand in den Grundzustand über mehrere Zwischenniveaus verläuft. Man spricht dann von einer γ-Kaskade. Wie stark ein bestimmter Übergang in einer Kaskade vertreten ist, wird von quantenmechanischen Auswahlregeln bestimmt, auf die wir hier nicht eingehen. Bild 4.13 enthält das vereinfachte Zerfallsschema von $^{212}_{82}$Pb mit Folgekernen. Sowohl α- als auch β-Zerfälle „bevölkern" mehrere Endzustände. Ein Ausschnitt aus diesem Zerfallsschema, der α-Zerfall des Zwischenkerns $^{212}_{83}$Bi, ist in Bild 4.14 vergrößert herausgezeichnet. Durch die „Besiedlung" verschiedener Anregungszustände des $^{208}_{81}$Tl treten mehrere γ-Linien auf.

Es ist aus Bild 4.14 evident, daß das α-Spektrum des $^{212}_{83}$Bi-Kerns aus *meh-*

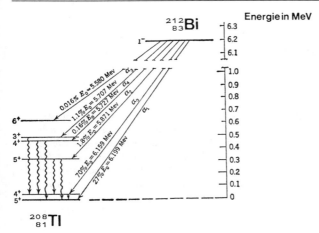

Bild 4.14 Die α-Übergänge $^{212}_{83}$Bi→ $^{208}_{81}$Tl aus Bild 4.13 mit den wichtigsten γ-Übergängen (nach EVANS 1972)

reren diskreten Linien, die den angegebenen Zerfallsenergien entsprechen, besteht. Die Energien der γ-Quanten stimmen genau mit den Energiedifferenzen der auftretenden α-Energien überein. Allerdings sind die vorkommenden Linien höchst unterschiedlich stark vertreten. Die Prozentzahlen geben die relative Häufigkeit im Gesamtspektrum an. Daß die Häufigkeit mit abnehmender α-Energie stark abnimmt, verwundert nach der Diskussion des letzten Paragraphen nicht mehr. Eine Ausnahme scheinen der Grundzustandsübergang und der Übergang in den ersten angeregten Zustand zu machen, wo die kleinere Energie häufiger vertreten ist als die größere. Hier benachteiligt eine Auswahlregel hinsichtlich der Quantenzahlen der betroffenen Zustände den Übergang in den Grundzustand. Ein tieferes Verständnis der gemessenen Intensitätsverhältnisse der verschiedenen α- und γ-Linien erforderte eine detaillierte quantenmechanische Diskussion der Energiezustände, auf die wir hier verzichten müssen.

Auf der Grundlage der Quantenmechanik lassen sich – wie in Kap. 3 angedeutet – sowohl die Lage der experimentell ermittelten Energieniveaus der Kerne als auch die Vielzahl der Übergänge zwischen diesen quantitativ verstehen. Die α-, β- und die γ-Spektroskopie sind ein wichtiges Instrumentarium der Kernphysiker zur experimentellen Erforschung der Energie-Termschemata.

Aufgabe 4.4 *Bestimmen Sie die Gammaenergien zu den in Bild 4.14 eingezeichneten Übergängen in $^{208}_{81}$Tl, ohne die Energieskala auf der rechten Seite der Abbildung zu benutzen.*

5 Kernreaktionen

Radioaktivität ist mit Kernumwandlungen verbunden, die spontan ablaufen. Daneben gibt es aber auch Umwandlungen, die von außen angeregt werden. Der weitaus größte Teil aller bekannten Radionuklide muß – wie bereits erwähnt – künstlich erzeugt werden. Dies geschieht, indem man stabile oder sehr langlebige Atomkerne einem gezielten Beschuß mit energiereichen Teilchen (Protonen, Neutronen, Deuteronen, α-Teilchen, γ-Quanten, Atomkernen, ...) aussetzt, unter dem sie sich in andere Atomkerne umwandeln. Mit solchen induzierten Kernumwandlungen, die man Kernreaktionen *nennt, wollen wir uns jetzt befassen.*

Nach einigen Beispielen und der Erläuterung der in der Kernphysik üblichen Kurzschreibweise für Kernreaktionen werden kurz Reaktionsmechanismen vorgestellt. Es schließen energetische Betrachtungen an. Den Abschluß dieses Kapitels bildet ein Ausblick auf Verfahren zur Herstellung künstlicher Radionuklide.

5.1 Nomenklatur und Beispiele für Kernreaktionen

Kernreaktionen werden also durch Beschuß eines Zielkernes X – in der Fachterminologie *Targetkern* genannt – mit einem Geschoß x (Teilchen oder γ-Quant) ausgelöst. Als Ergebnis entsteht ein neuer Atomkern Y, wobei wegen der Erhaltung der Nukleonenzahl[1] und der Erhaltung der Energie die in Y gegenüber „X + x" fehlenden Nukleonen in der Regel als Reaktionsteilchen y (einzelnes Nukleon oder weiterer Atomkern) auftreten. Natürlich können anstelle eines einzelnen Endproduktes y auch mehrere Teilchen auftreten. Wir wollen uns hier jedoch auf die Betrachtung einfacher Kernreaktionen beschränken, bei denen y ein einziges Nukleon, ein leichter Atomkern (z.B. α-Teilchen) oder ein γ-Quant ist. In letzterem Fall wird das Geschoßteilchen x von dem Targetkern X absorbiert und die überschüssige Energie in Form eines γ-Quants abgestrahlt.

In Anlehnung an die für chemische Reaktionen übliche Schreibweise kann eine auf die dargestellte Weise definierte Kernreaktion in Form folgender Reaktionsgleichung notiert werden:

---

[1] Die hier betrachteten Kernreaktionen sollen bei Energien ablaufen, bei denen Teilchenerzeugung (Umwandlung von kinetischer Energie in Masse) noch keine Rolle spielt, d.h. Energien in der Größenordnung 10 MeV.

(5.1) $x + X \longrightarrow Y + y$

Weitaus häufiger ist in der Kernphysik allerdings die Kurzschreibweise

$$X \ (x,y) \ Y$$

Targetkern ⌐⌐⌐⌐⌐⌐⌐⌐⌐┘   │ │   └⌐⌐⌐⌐⌐⌐ Folgekern

einlaufendes Teilchen ⌐⌐⌐⌐⌐⌐⌐⌐⌐⌐⌐⌐┘   └⌐⌐⌐⌐⌐⌐⌐⌐ auslaufendes Teilchen

Bevor durch eine grobe Klassifizierung möglicher Reaktionsprozesse etwas Klarheit in die verwirrende Vielzahl untersuchter oder für praktische Anwendungen routinemäßig durchgeführter Kernreaktionen gebracht wird, soll an Hand einiger Beispiele zunächst der Umgang mit Reaktionsgleichungen vertraut gemacht werden.

Die erste Kernreaktion wurde 1919 von E. RUTHERFORD beobachtet, als er die α-Teilchen des natürlichen Radionuklids $^{214}_{84}$Po ($E_\alpha = 7{,}68$ MeV) durch Stickstoffgas schickte. RUTHERFORD stellte fest, daß etwa jedes fünfzigtausendste α-Teilchen ein Proton erzeugte, welches er aufgrund der Reichweite identifizierte. Das Proton wird durch die Reaktion

(5.2) $^{4}_{2}$He $+ \, ^{14}_{7}$N $\longrightarrow \, ^{17}_{8}$O $+ \, ^{1}_{1}$H   Kurzschreibweise: $^{14}_{7}$N$(\alpha,$p$)^{17}_{8}$O

frei. Diese Reaktion stellt die erzwungene Umwandlung eines Stickstoffkerns in einen Kern eines stabilen Sauerstoffisotops dar. Wie bei allen Kernreaktionen müssen sowohl die elektrische Ladung als auch die Nukleonenzahl erhalten bleiben. In Gl. (5.2) erkennt man die Ladungserhaltung an der Summe der Z-Werte (untere Indizes) rechts und links der Gleichung: $7 + 2 = 8 + 1$. Aus der Gleichheit der Summen der Massenzahlen auf beiden Seiten ($14 + 4 = 17 + 1$) liest man die Nukleonenzahlerhaltung ab. In dieser Reaktion ist $^{14}_{7}$N der Targetkern, $^{17}_{8}$O der Folgekern. Als Geschoßteilchen dienen $^{4}_{2}$He-Kerne bzw. α-Teilchen; die aus der Reaktion hervorgehenden Teilchen sind Protonen.

Die erste an einem Teilchenbeschleuniger (einem elektrostatischen „VAN DE GRAAFF"-Generator) erzielte Kernreaktion wurde beim Beschuß eines Lithiumtargets mit Protonen von 500 keV ausgelöst:

(5.3) $^{1}_{1}$H $+ \, ^{7}_{3}$Li $\longrightarrow \, ^{4}_{2}$He $+ \, ^{4}_{2}$He   bzw. $^{7}_{3}$Li$(p,\alpha)^{4}_{2}$He.

Die ausgesandten α-Teilchen hatten eine Energie von je 8,9 MeV. Mit 0,5 MeV Einschußenergie werden also 17,8 MeV Energie „erzeugt". Die offensichtlich freigesetzte Kernenergie entstammt dem mit der Kernreaktion einhergehenden Massenverlust (Massendefekt, s. Kap. 2.2.3).

Bei den bisher beschriebenen Reaktionsbeispielen waren die Folgekerne stabil. Viele Kernreaktionen werden heute durchgeführt, um gezielt bestimmte Radioisotope zu erzeugen. Die erste Kernreaktion, die einen radioaktiven Folgekern lieferte, wurde 1934 von I. JOLIOT-CURIE und F. JOLIOT beobachtet. Es handelte sich um die Reaktion

(5.4) $_2^4\text{He} + _{13}^{27}\text{Al} \longrightarrow _{15}^{30}\text{P} + _0^1\text{n}$ bzw. $_{13}^{27}\text{Al}(\alpha,\text{n})_{15}^{30}\text{P}.$

Der Folgekern $_{15}^{30}\text{P}$ zerfällt mit einer Halbwertszeit von 2,6 min durch β^+-Zerfall in das stabile Siliziumisotop $_{14}^{30}\text{Si}$:

$$_{15}^{30}\text{P} \xrightarrow{\beta^+} _{14}^{30}\text{Si} + \text{e}^+ + \nu_\text{e}.$$

Wie bereits berichtet, erfolgte die Entdeckung des Neutrons (s. Kap. 2.1) beim Beschuß von Beryllium mit α-Teilchen:

(5.5) $_2^4\text{He} + _4^9\text{Be} \longrightarrow _6^{12}\text{C} + _0^1\text{n}$ bzw. $_4^9\text{Be}(\alpha,\text{n})_6^{12}\text{C}.$

Neutronen sind besonders wichtige Geschoßteilchen zur Induzierung von Kernreaktionen. Im Gegensatz zu geladenen Teilchen, die durch die Cou-lombkraft abgebremst werden, können sich Neutronen dem Zielkern ungehindert nähern und mit jeder Energie Kernreaktionen auslösen. Eine häufige durch Neutronenbeschuß erzwungene Kernreaktion ist der Neutroneneinfang durch einen Targetkern, wobei die freiwerdende Neutronenbindungsenergie in Form eines oder mehrerer γ-Quanten abgegeben wird, z.B.:

$$_{13}^{27}\text{Al}(\text{n},\gamma)_{13}^{28}\text{Al (instabil)}$$

(5.6) $\beta^- \overset{\textstyle\llcorner}{} _{14}^{28}\text{Si} + \text{e}^- + \overline{\nu}_\text{e}$

Für den *Nachweis von Neutronen* nutzt man die ionisierende Wirkung der bei neutroneninduzierten Kernreaktionen im Neutronendetektor erzeugten geladenen Teilchen wie Protonen und α-Teilchen aus. Eine zum Neutronennachweis häufig benutzte Reaktion ist die folgende

(5.7) $_5^{10}\text{B}(\text{n},\alpha)_3^7\text{Li}.$

Nicht nur geladene Teilchen und Neutronen sind in der Lage, Kernreaktionen auszulösen; man kann auch γ-Quanten als „Geschosse" verwenden. Kernreaktionen, bei denen die Absorption eines γ-Quants in einem Targetkern zur Emission von Nukleonen oder leichten Kernen führt, nennt man – in Analogie zur Absorption eines Photons in der Atomhülle – *Kernphotoeffekt*. Beispiele hierfür sind die Reaktionen

(5.8) $_{12}^{25}\text{Mg}(\gamma,\text{p})_{11}^{24}\text{Na}$ und $_{12}^{25}\text{Mg}(\gamma,\text{n})_{12}^{24}\text{Mg}.$

Ein Beispiel einer *Kernspaltungsreaktion* soll diese Einführung abschließen:

(5.9)
$_0^1\text{n} + _{92}^{235}\text{U} \longrightarrow _{56}^{144}\text{Ba} + _{36}^{89}\text{Kr} + 3\,_0^1\text{n}$ bzw. $_{92}^{235}\text{U}(\text{n};_{36}^{89}\text{Kr},3\text{n})_{56}^{144}\text{Ba}.$

Als Endprodukt treten hier mehrere Teilchen auf. Diese Reaktionsgleichung steht nur für eine unter vielen möglichen neutroneninduzierten Spaltungsreaktionen des ^{235}U. Es können auch andere Reaktionsprodukte als hier angegeben auftreten.

5.2 Reaktionsmechanismen und einige Reaktionstypen

5.2.1 Compoundkern-Reaktion

Im allgemeinen erfolgt eine Kernreaktion in zwei Schritten:

1. Das Geschoßteilchen wird vom Targetkern absorbiert. Der so gebildete neue Kern geht infolge der deponierten kinetischen Energie in einen hochangeregten Zwischenzustand über. In diesem verteilt sich die gesamte Anregungsenergie auf viele Nukleonen. Der in diesem Schritt gebildete Kern wird Zwischenkern oder *Compoundkern* genannt und durch ein Sternchen gekennzeichnet:

$$x + X \longrightarrow C^*$$

Der Compoundkern existiert eine kurze Zeit, die zu kurz für eine Beobachtung, aber wesentlich länger ist als die Zeitspanne, die das Geschoßteilchen benötigte, um den Targetkern einfach zu durchfliegen ($\approx 10^{-22}$ s). Nachdem sich während der Lebensdauer des Compoundkerns die Anregungsenergie auf viele Nukleonen verteilt hat, ist nicht mehr auszumachen, auf welche Weise die Anregung ursprünglich erfolgt ist.

2. Im zweiten Schritt gibt der Compoundkern seine Anregungsenergie spontan durch Aussendung eines oder mehrerer Nukleonen wieder ab. Es gibt für diesen „Zerfall" des Compoundkerns in der Regel mehrere Möglichkeiten. Der Kernphysiker spricht von *Zerfallskanälen*.

Wir fassen beide Schritte zusammen und schreiben

$$x + X \longrightarrow C^* \longrightarrow Y + y.$$

Beschießt man z.B. ein Aluminiumtarget mit Protonen, so können mehrere Endprodukte entstehen, die verschiedenen Zerfallskanälen entsprechen:

$$^{27}_{13}\text{Al} + ^1_1\text{H} \longrightarrow ^{28}_{14}\text{Si}^* \longrightarrow \begin{cases} ^{24}_{12}\text{Mg} + ^4_2\text{He} \\ ^{27}_{14}\text{Si} \ + \text{n} \\ ^{28}_{14}\text{Si} \ + \gamma \\ ^{24}_{11}\text{Na} + 3\,^1_1\text{H} + \text{n} \end{cases}$$

5.2.2 Direkte Reaktionen

Einige Kernreaktionen lassen sich nicht als Compoundkern-Reaktion beschreiben. Hierher gehören vor allem die „Streifschüsse".

Ein typisches Beispiel ist eine (d,p)-Reaktion, bei der das Neutron des vorbeifliegenden Deuterons vom Targetkern eingefangen wird, während das Proton ohne wesentliche Impulsänderung weiterfliegt. Da das Neutron gleichsam vom Deuteron abgestreift wurde, spricht man von einer Abstreif-Reaktion bzw. *„Stripping"-Reaktion.*

Auch der umgekehrte Fall tritt auf: Das am Targetkern vorbeifliegende Projektil entreißt diesem ein Nukleon (oder auch mehrere) und bindet es (sie) an sich. Typische Beispiele solcher *„Pick-up"-Reaktionen* sind die Prozesse (d,t), (d,$_2^3$He), (t,α), (p,α) (t steht für das Triton $_1^3$H$^+$).

Ein Blick auf das Beispiel in Kap. 5.2.1 zeigt, daß auch dort im Falle der Compoundkern-Reaktion z.B. eine (p,α)-Reaktion auftreten kann; nicht jede (p,α)-Reaktion ist also eine direkte Reaktion.

Die hier geschilderten direkten Reaktionen, die man unter dem Sammelbegriff *Transfer-Reaktionen* zusammenfaßt, unterscheiden sich am deutlichsten von Compoundkern-Reaktionen in der Winkelverteilung der auslaufenden Teilchen: Während bei Transfer-Reaktionen die auslaufenden Teilchen mehr oder weniger in Vorwärtsrichtung fliegen, werden die aus Compoundkern-Reaktionen stammenden Teilchen isotrop emittiert. Transfer-Reaktionen laufen auch erheblich schneller ab ($\approx 10^{-22}$ s) als Compoundkern-Reaktionen (bis zu 10^{-13} s).

5.2.3 Weitere Reaktionstypen

Unter den vielfältigen Wechselwirkungen zwischen Atomkernen und Nukleonen oder γ-Quanten werden einige weitere Typen mit besonderen Namen bezeichnet, deren wichtigste hier kurz erläutert werden sollen.

Von einer *Kernstreuung* spricht man dann, wenn die ein- und auslaufenden Teilchen dieselben sind:

$$x + X \longrightarrow X' + x'.$$

(Die Kennzeichnung der Reaktionsprodukte mit einem Strich deutet eine Energieänderung an.) Eine Streuung heißt *elastisch,* wenn der Targetkern während des Streuprozesses im Grundzustand verbleibt, d.h. wenn die kinetische Energie erhalten bleibt. Wird der Targetkern in einem angeregten Zustand zurückgelassen, so daß die gesamte kinetische Energie nach der Streuung geringer ist als vor der Streuung, so nennt man die Kernreaktion *inelastische Streuung.*

In dem in Kap. 5.2.1 aufgeführten Beispiel einer Compoundkern-Reaktion kommt ein Zerfallskanal vor, bei dem kein Masseteilchen emittiert wird. Ein Nukleon wird absorbiert, und die Anregungsenergie wird durch ein γ-Quant abgestrahlt. Für diesen Spezialfall einer Compoundkern-Reaktion hat man wegen seiner besonderen Bedeutung einen eigenen Namen geprägt: *Einfangreaktion.*

Die umgekehrte Reaktion, die Emission eines Nukleons nach Absorption eines γ-Quants, ist ebenfalls möglich. Sie heißt *Kernphotoeffekt*, in Analogie zum gewöhnlichen Photoeffekt, der in der Atomhülle auftritt. Beide Reaktionstypen haben Sie als Einführungsbeispiele bereits kennengelernt (vgl. Beispiele (5.6) und (5.8) in Kap. 5.1).

5.3 Energieverhältnisse bei Kernreaktionen

In Kap. 3 wurde bereits darauf hingewiesen, daß Kernreaktionen Aufschlüsse über Energieniveaus in Atomkernen liefern. Einzelne Untersuchungsbeispiele und deren Ergebnisse werden am Ende dieses Abschnitts vorgestellt. Zunächst sollen die Energieverhältnisse bei einer Kernreaktion sozusagen „von außen" betrachtet werden.

5.3.1 Q-Wert, Schwellenenergie und Wirkungsquerschnitte

Bei einer Kernreaktion X (x,y) Y sei der Targetkern X vor der Reaktion in Ruhe. Die kinetischen Energien der übrigen Reaktionspartner seien E_x, E_y und E_Y.

Als *Q-Wert der Reaktion* wird die insgesamt bei der Reaktion freigesetzte kinetische Energie definiert:

$$Q = \underbrace{E_y + E_Y} - E_x$$

kinetische	kinetische
Energie	Energie
nach der	vor der
Reaktion	Reaktion

Die Erhaltung der relativistischen Energie (Summe aus Ruhenergie und kinetischer Energie) führt auf die Gleichung

$$(m_x c^2 + E_x) + m_X c^2 = (m_y c^2 + E_y) + (m_Y c^2 + E_Y),$$

wobei m_x, m_X, m_y und m_Y die Ruhmassen sind. Durch Umformung dieser Gleichung erhält man unter Berücksichtigung der Definition von Q

$$Q = [(m_x + m_X) - (m_y + m_Y)]\, c^2.$$

Diese Gleichung besagt, daß die freigesetzte Energie gleich der Differenz der Ruhenergien vor und nach der Reaktion ist. Oder anders ausgedrückt: Der Q-Wert entspricht dem Massendefekt Δm der Reaktion gemäß

$$Q = \Delta m \, c^2.$$

Eine Reaktion mit positivem Q-Wert, bei der also Energie freigesetzt wird, heißt *exotherm*. Eine Reaktion, für die Energie aufgebracht werden muß (Kernenergie „geschaffen" wird), weist einen negativen Q-Wert auf und heißt *endotherm*. Das Vorzeichen des Q-Wertes einer Reaktion gibt an, ob bei der Reaktion Masse in kinetische Energie verwandelt ($Q > 0$) oder kinetische Energie in Masse umgewandelt ($Q < 0$) wird. Bei einer elastischen Streuung ist $Q = 0$.

Da bei einer exothermen Reaktion Energie frei wird, ist eine exotherme Reaktion energetisch prinzipiell bei jeder Energie – also auch bei verschwindend kleiner Energie – des Geschoßteilchens möglich. Dies bedeutet jedoch nicht, daß die Reaktion für jede Energie gleich wahrscheinlich ist. Betrachten wir z.B. die (p,n)-Reaktion $^{107}_{47}\text{Ag}(\text{p,n})^{107}_{48}\text{Cd}$.

Das einfallende Proton wird durch die COULOMBkraft des Ag-Kerns abgestoßen. Gäbe es nicht den Tunneleffekt, könnte das Proton bei niedrigen Energien gar nicht in den Einflußbereich der Kernkraft gelangen, und die Wahrscheinlichkeit für die Reaktion – somit der Wirkungsquerschnitt der Reaktion – wäre Null. Tatsächlich kann jedoch das Proton den COULOMBwall durchtunneln. Da mit zunehmender Energie die Walldicke abnimmt und damit die Durchtunnelwahrscheinlichkeit zunimmt, *steigt* der Wirkungsquerschnitt mit der Energie des Protons an.

Im Gegensatz dazu können die Neutronen bei einer (n,γ)-Einfangreaktion ohne Hindernis in die Reichweite der Kernkraft gelangen. Der Wirkungsquerschnitt fällt bei dieser Reaktion mit steigender Einschußenergie. Nach den Messungen ist der Einfangquerschnitt proportional zu $1/v_n$, wobei v_n die Neutronengeschwindigkeit ist. Dieses $1/v$-Gesetz ist leicht zu verstehen: Die Wahrscheinlichkeit für den Einfang eines Neutrons ist direkt proportional zu der Zeitdauer, die es in der Nähe eines Targetkerns verbringt und damit umgekehrt proportional zu seiner Geschwindigkeit.

Eine endotherme Reaktion ist nur dann möglich, wenn das Geschoßteilchen hinreichend kinetische Energie mitbringt. Auf den ersten Blick könnte es so scheinen, daß eine endotherme Reaktion stets dann möglich wird, wenn die kinetische Energie den Wert $|Q|$ überschreitet, wenn also $E_x \geq |Q|$ gilt. Dabei ist aber nicht berücksichtigt, daß bei einer Reaktion Energie *und* Impuls erhalten bleiben müssen. Nach der Definitionsgleichung für Q würden bei $E_x = |Q|$ die Endprodukte in Ruhe erzeugt werden; es wäre $E_y = E_Y = 0$. Dann wären aber auch die Impulse der Teilchen y und Y einzeln Null. Dies steht im Widerspruch zu der Impulsbedingung

$$m_y \vec{v}_y + m_Y \vec{v}_Y = \vec{p}_x,$$

wobei $\vec{p}_x \neq \vec{0}$ der Impuls des einfallenden Geschoßteilchens ist. Ein Teil der

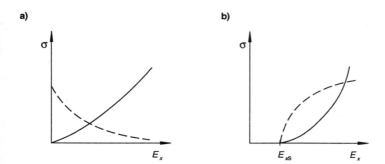

Bild 5.1 Der Wirkungsquerschnitt für a) exotherme, b) endotherme Kernreaktionen bei kleinen Einschußenergien für je zwei verschiedene Kernreaktionen

auch die Impulse der Teilchen y und Y einzeln Null. Dies steht im Widerspruch zu der Impulsbedingung

$$m_y \vec{v}_y + m_Y \vec{v}_Y = \vec{p}_x,$$

wobei $\vec{p}_x \neq \vec{0}$ der Impuls des einfallenden Geschoßteilchens ist. Ein Teil der kinetischen Energie (nämlich die Energie des Schwerpunktes der Reaktionsteilchen im Laborsystem) ist für die Reaktion nicht verfügbar. Die endotherme Reaktion setzt daher nicht bei $E_x = |Q|$, sondern erst bei einer Schwellenenergie $E_{xS} > |Q|$ ein. Die Rechnung zeigt, daß die Schwellenenergie

$$E_{xS} = |Q| \frac{m_x + m_X + m_y + m_Y}{2\,m_X}$$

ist.

Das prinzipiell unterschiedliche Verhalten des *Reaktionsquerschnittes* σ für exotherme und endotherme Kernreaktionen bei kleinen Energien ist in Bild 5.1 schematisch dargestellt.

5.3.2 Bestimmung von Energieniveaus durch Kernreaktionen

Durch Kernreaktionen lassen sich diskrete Energieniveaus von Atomkernen ausfindig machen. In Bild 5.2 ist die experimentell bestimmte Energieabhängigkeit des Einfangquerschnitts für langsame Neutronen in $^{113}_{48}$Cd dargestellt. σ fällt, wie besprochen, mit zunehmender Energie zunächst ab, ändert dann diese Tendenz und erreicht bei $E_x = 0,178$ eV ein ausgeprägtes Maximum, eine sogenannte Resonanz. An der Resonanzstelle, die um 0,178 eV höher liegt

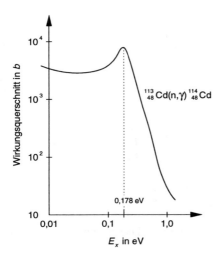

Bild 5.2
Eine Resonanz im Wirkungsquerschnitt der Reaktion $_{48}^{113}$Cd$(n,\gamma)_{48}^{114}$Cd (WEIDNER/SELLS 1982)

als die Anregungsenergie nach dem Einfang von Neutronen ohne jede Bewegungsenergie ($E_{\text{Anregung}} = 9{,}05$ MeV), ist der Einfangquerschnitt besonders groß (daher der Name „Resonanz"!). Das Maximum kann so gedeutet werden, daß nach dem Neutroneneinfang von dem Zwischenkern $_{48}^{114}$Cd* ein Energieniveau eingenommen wird, welches um 0,178 eV höher als 9,05 MeV über dem Grundzustand liegt. Dies ist nur einer der vielen diskreten Anregungszustände des $_{48}^{114}$Cd-Nuklids, die sich durch Ermittlung des Wirkungsquerschnitts als Funktion der Einschußenergie bestimmen lassen. Wie ergiebig die Methode ist, durch das Studium von Wirkungsquerschnitten bestimmter Reaktionen Informationen über Energieniveaus von Atomkernen zu erhalten, illustriert das Bild 5.3.

Bei fester Einschußenergie kann das bei einer Kernreaktion emittierte leichte Teilchen mit verschiedener kinetischer Energie auftreten, nämlich dann, wenn der Folgekern nicht im Grundzustand, sondern in verschiedenen Anregungszuständen gebildet wird. Durch Vermessen der Energien der herausfliegenden Teilchen kann dann auf Ausschnitte des Energietermschemas des Folgekerns der Reaktion geschlossen werden. Das Verfahren wird am Beispiel der Reaktion $_{13}^{27}$Al$(\alpha,p)_{14}^{30}$Si in Bild 5.4 illustriert. Der rechte Teil von Bild 5.4 enthält das Energiespektrum der herausgelösten Protonen. Die „Peaks" im Energiespektrum zeigen, daß bei dieser Reaktion nur Protonen mit ganz bestimmten Energien freigesetzt werden. Sie korrespondieren mit Übergängen vom Compoundkern $_{15}^{31}$P* in verschieden hoch angeregte Zustände des Folgekerns $_{14}^{30}$Si, wie in der Abbildung angedeutet ist. Zur höchsten Protonenenergie gehört

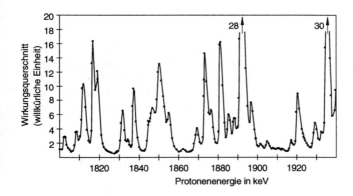

Bild 5.3 Wirkungsquerschnitt für die Reaktion $^{37}_{17}$Cl(p,n)$^{37}_{18}$Ar als Funktion der Proton-Einschußenergie (SCHOENFELD et al. 1952)

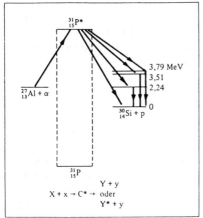

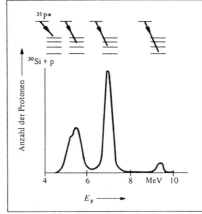

Bild 5.4 Anregungszustände des $^{30}_{14}$Si bei der Reaktion $^{27}_{13}$Al(α,p)$^{30}_{14}$Si (WEID-NER/SELLS 1982). Links: vereinfachtes Energieniveauschema, rechts: Proton-Energiespektrum und Proton-Energieübergänge

der niedrigste auftretende Anregungszustand des $^{30}_{14}$Si-Kerns. Die Energien der höheren Anregungszustände, die im linken Teil von Bild 5.4 eingetragen sind, erhält man als Differenzen der „Peak"-Energien des Spektrums.

5.4 Erzeugung von Radionukliden

Von den nahezu 2000 künstlich hergestellten Radionukliden sind über 180 im Handel. Sie werden zu verschiedensten Untersuchungen in der Medizin, in der Biologie und der Landwirtschaft, in der Chemie und Pharmazie, in der Geologie und im Bergbau, in zahlreichen technischen Bereichen und in der Physik sowie in der Kriminalistik verwendet. Für ihre Herstellung kommen mehrere Möglichkeiten in Betracht.

5.4.1 Gewinnung durch Neutronenreaktionen im Kernreaktor

Bei der Spaltung des Urans oder des Plutoniums in den Brennelementen des Reaktors entstehen pro Spaltakt durchschnittlich 2 bis 3 Neutronen. Diese Neutronen stehen zum Teil zur Erzeugung von Radionukliden zur Verfügung.

Mit langsamen (thermischen) Neutronen entstehen vor allem durch (n,γ)-Reaktionen aus nahezu allen Elementen radioaktive Nuklide, z.B $^{23}_{11}Na(n,\gamma)^{24}_{11}Na$. Überwiegend mit schnellen Neutronen können über (n,p)- und (n,α)-Reaktionen Radionuklide erzeugt werden, z.B. $^{32}_{16}S(n,p)^{32}_{15}P$ oder $^{40}_{20}Ca(n,\alpha)^{37}_{18}Ar$. Einige wichtige (n,p)- bzw. (n,α)-Reaktionen finden auch mit langsamen Neutronen statt, wie z.B. $^{14}_{7}N(n,p)^{14}_{6}C$, $^{35}_{17}Cl(n,p)^{35}_{16}S$, $^{6}_{3}Li(n,\alpha)^{3}_{1}H$.

5.4.2 Gewinnung aus Spaltprodukten

Bei der Spaltung von Uran oder Plutonium entsteht in den Brennelementen von Reaktoren eine große Zahl von neutronenreichen, radioaktiven Spaltprodukten, die meist erst nach mehreren β^--Zerfällen in stabile Endkerne übergehen. Bei der Kernspaltung treten am häufigsten Radionuklide mit Massenzahlen um $A = 95$ und $A = 135$ auf. Durch chemische Abtrennung lassen sich länger lebende Spaltprodukte aus den „ausgebrannten" Brennelementen isolieren. Wichtige auf diese Weise gewonnene Radionuklide sind $^{137}_{55}Cs$, $^{90}_{38}Sr$ und $^{85}_{36}Kr$. Kurzlebige Spaltprodukte wie $^{132}_{53}J$ oder $^{133}_{54}Xe$ erhält man aus eigens zu diesem Zweck bestrahlten Urantargets.

5.4.3 Gewinnung in Beschleunigern

Die neutronenarmen Radionuklide (β^+-Strahler) können weder durch Neutroneneinfang noch aus Spaltmaterial gewonnen werden. Man erzeugt sie durch Kernreaktionen in Targets, die in die intensiven Strahlen von Teilchenbeschleunigern gestellt werden. Nur geladene Teilchen lassen sich beschleunigen. Durch die Wahl der Geschoßteilchen (Protonen, Elektronen, Ionen) bzw. der Beschleunigungsmaschine geeigneter Beschleunigungsenergie und der Targetmaterialien steht für die Erzeugung von Radionukliden ein flexibles Instrumentarium zur Verfügung. Die häufigsten Erzeugungsreaktionen für neutronenarme Radionuklide sind (p,n)-, (p,2n)-, (p,α)-, (d,n)-, (d,2n)- und (d,α)-Reaktionen. An Elektronenbeschleunigern erzeugt man zunächst eine intensive γ-Bremsstrahlung und führt damit z.B. (γ,n)- und (γ,2n)-Reaktionen durch.

5.4.4 Radionuklidgeneratoren

Die Radionuklidgeneratoren bestehen aus einer längerlebigen Muttersubstanz, die in eine radioaktive Tochtersubstanz mit kürzerer Halbwertszeit zerfällt. Es stellt sich – abhängig von der Größe beider Halbwertszeiten – mit der Zeit eine Gleichgewichtskonzentration der Tochtersubstanz ein. Je nach Bedarf kann man im Labor die Tochtersubstanz chemisch von der Muttersubstanz abtrennen. Nach jeder Abtrennung bildet sich das kurzlebige Tochternuklid durch Zerfall des Mutternuklids nach.

Beispiel:

$$\mathrm{^{132}_{52}Te} \xrightarrow[\text{78 h}]{\beta^-} \mathrm{^{132}_{53}J} \xrightarrow[\text{2,3 h}]{\beta^-} \mathrm{^{132}_{54}Xe}.$$

6 Teilchendetektoren

In den vorausgegangenen Kapiteln wurden einzelne Nachweisverfahren für Kernstrahlung und Teilchen, die bei Kernreaktionen auftreten, bei entsprechenden Experimenten bereits erwähnt und teilweise auch schon etwas näher beschrieben. In diesem letzten Kapitel sollen nun Aufbau und prinzipielle Arbeitsweise einiger Nachweis- und Meßgeräte behandelt werden, von denen die meisten in Laboratorien, kerntechnischen Anlagen, im Strahlenschutz und teilweise auch an den (höheren) Schulen im Physikunterricht benutzt werden. Einige haben inzwischen nur noch historische Bedeutung und werden zum Teil für Ausbildungszwecke verwendet und in Museen vorgeführt. So manches historisch bedeutende Exemplar dient heute in Forschungszentren zu Dekorationszwecken. Die Funktionsweise aller hier behandelten Detektoren beruht auf der elektromagnetischen Wechselwirkung ionisierender, d.h. elektrisch geladener Teilchen mit Atomen in einem sensitiven Volumen des Detektors. Neutrale Teilchen wie Gammaquanten und Neutronen können prinzipiell mit denselben Detektoren nachgewiesen werden, weil sie über charakteristische Wechselwirkungsprozesse (Photoabsorption, Compton-Streuung und Paarbildung, elastische Stöße und Kernreaktionen) im Detektor geladene Teilchen erzeugen, die dann registriert werden. Detektoren lassen sich so konstruieren, daß sie für den Nachweis einer bestimmten Teilchenart besonders geeignet sind. Auf solche Details muß hier allerdings verzichtet werden.

Neben Ionisationskammer, Zählrohr, Szintillationszähler und Halbleiter(sperrschicht)detektor, mit denen Anzahl und – bei geeigneten Bedingungen – auch die im Detektor deponierte Energie der registrierten Teilchen ermittelt werden können, werden Geräte behandelt, mit denen auch ihre Bahn aufgrund von „Ionisationsspuren" festgestellt werden kann. Man muß bei den sogenannten Spurenkammern zwischen Geräten mit optischer Registrierung (Nebel-, Blasen- und Funkenkammer) und elektronischer Registrierung (Proportional-, Drift- und andere Drahtkammern) unterscheiden. Die Drahtkammern mit elektronischer Auslesung haben in der Forschung mittlerweile die optischen Kammern vollständig verdrängt.

Die älteste Nachweismethode für γ- und Teilchenstrahlung beruht auf deren Fähigkeit, lichtempfindliches Material (Fotoplatte, Film) auch durch lichtundurchlässige Schichten hindurch zu „belichten". H. BECQUEREL kam durch entsrechend geschwärzte Fotoplatten der Radioaktivität auf die Spur. Dieses Verfahren wird auch heute noch im Strahlenschutz verwendet und dort zu quantitativen Aussagen über die Langzeitbestrahlung herangezogen, hier aber nicht weiter ausgeführt. Auf einen Abkömmling der Fotoplatte, die Kernemulsions-Spurenplatte, die erstmals zur Erforschung der Höhenstrahlung eingesetzt wurde und in der Teilchenphysik noch heute eine Rolle spielt, kann hier auch nicht eingegangen werden.

6.1 Die Ionisationskammer

Eine Ionisationskammer ist ein mit Luft oder einem anderen Gas gefülltes Gefäß, in dem sich zwei gegeneinander isolierte Elektroden befinden, an die von außen eine Gleichspannung von einigen 100 V gelegt werden kann. In der Regel dient das Metallgehäuse der Kammer als eine der Elektroden. In Bild 6.1 ist eine solche Kammer und deren Schaltung schematisch dargestellt.

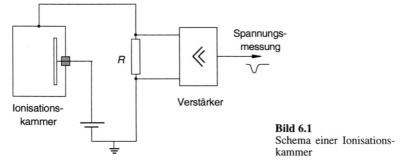

Ionisations-
kammer

Verstärker

Spannungs-
messung

Bild 6.1
Schema einer Ionisations-
kammer

Ein (primär einfallendes oder durch Wechselwirkung von einem neutralen produziertes) ionisierendes Teilchen erzeugt im Innern der Ionisationskammer Ionen, die sich durch das elektrische Feld zwischen den Elektroden zu der ihrer Ladung entgegengesetzten Elektrode bewegen. Dadurch fließt im äußeren Stromkreis kurzfristig ein Strom, der am Arbeitswiderstand R (s. Bild 6.1) einen Spannungsabfall erzeugt. Dieser Spannungsstoß kann elektronisch verstärkt und einem Impulszähler oder einem anderen Meßgerät zugeführt werden. Bei hinreichend hoher Betriebsspannung – wenn alle erzeugten Ionenpaare auch von den Elektroden „abgesaugt" werden, bevor sie neutralisiert werden (rekombinieren) – wird die Höhe des Spannungssignals ausschließlich durch die Zahl der erzeugten Ionenpaare bestimmt. Diese hängt von der Art und der Energie der ionisierenden Teilchen ab.

Ionisationskammern eignen sich prinzipiell zum Nachweis aller drei Strahlungsarten (natürlich-) radioaktiver Präparate. Für α-Strahlung und niederenergetische Elektronen muß die Kammer über ein sehr dünnes Eintrittsfenster verfügen, da diese Teilchen sonst wegen ihrer geringen Reichweite bereits in der Kammerwand stecken bleiben und so nicht in der Lage sind, das Füllgas zu ionisieren. Auch Neutronenstrahlung läßt sich bei Füllung mit geeigneten Gasen nachweisen, wenn in ihnen durch Kernreaktionen Protonen oder α-Teilchen ausgelöst werden.

Mit einer Ionisationskammer läßt sich auch die kinetische Energie von Primärteilchen mit kurzer Reichweite (α-Teilchen, niederenergetische Elektronen) messen. Zur Bildung eines Ionenpaares in Luft werden im Mittel ungefähr 35 eV benötigt. Die Zahl der erzeugten Ionenpaare ist proportional zur abgegebenen Energie. Gibt ein Primärteilchen seine Energie vollständig innerhalb der Kammer ab, dann kann durch Ladungsmessung seine ursprüngliche kinetische Energie ermittelt werden.

6.2 Das Zählrohr

Die Funktionsweise des Zählrohrs beruht ebenfalls auf der ionisierenden Wirkung geladener Teilchen. Trotz großer Ähnlichkeit mit der Ionisationskammer gibt es aber grundlegende Unterschiede. In Bild 6.2 ist der prinzipielle Aufbau eines Zählrohrs schematisch dargestellt.

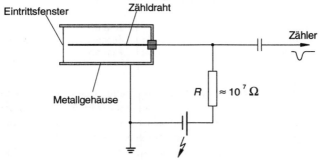

Bild 6.2 Schematische Darstellung eines Zählrohrs

Ein Zählrohr besteht aus einem zylindrischen Metallgehäuse von einigen Zentimetern Durchmesser, an dessen Stirnseite sich in der Regel ein dünnwandiges Eintrittsfenster für die zu messende Strahlung befindet. Entlang der Achse des Zylinders ist, isoliert von der Außenwand, ein dünner Draht gespannt. Der luftdicht abgeschlossene Innenraum ist mit einem Edelgas und etwas Alkoholdampf, meistens bei Drücken unterhalb einer Atmosphäre, gefüllt. Der Zählrohrdraht ist über einen hochohmigen Widerstand mit dem positiven

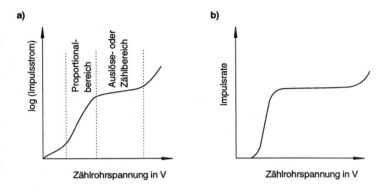

Bild 6.3 Zählrohrkennlinie und -charakteristik. a) Abhängigkeit des Impulsstroms von der Zählrohrspannung (halblogarithmische Darstellung), b) Abhängigkeit der Impulsrate von der Zählrohrspannung (lineare Darstellung)

Pol einer Spannungsquelle verbunden. Der negative Pol ist an das Gehäuse angeschlossen (s. Bild 6.2). Die angelegte Spannung muß so gewählt werden, daß einerseits keine selbständige Entladung (wie in einer Glimmlampe) einsetzt und daß andererseits die nachfolgend beschriebene *Ladungsvervielfachung* stattfinden kann, die den wesentlichen Unterschied zur Funktionsweise einer Ionisationskammer bildet.

Durchquert ein geladenes Teilchen das Füllgas, so wird dieses längs der Teilchenbahn ionisiert. Die freigesetzten Elektronen werden zum positiv geladenen Draht hin beschleunigt und ionisieren weitere Gasmoleküle. Bei nicht zu kleiner Zählrohrspannung kommt es in unmittelbarer Nähe des Drahtes, wo die elektrische Feldstärke sehr groß ist, zu einer Lawinenbildung. Bei andererseits nicht zu hoher Spannung bleibt die sich ausbildende Elektronenlawine örtlich begrenzt. Die erzeugte negative Ladungswolke, deren Gesamtladung in diesem Spannungsbereich proportional zur primär erzeugten Ionisationsladung ist (*Proportionalbereich*, s. Bild 6.3), wird von dem positiv geladenen Zentraldraht angezogen. Beim Auftreffen auf den Draht löst sie einen der Ladungsmenge proportionalen Stromimpuls aus, der seinerseits an dem Hochohmwiderstand in einen Spannungsimpuls umgesetzt wird. Die positiven Ionen bewegen sich zur Zählrohrwand. Im Proportionalbereich kann ein Zählrohr zwischen gleichen Teilchen verschiedener Energie und verschiedenartigen Teilchen etwa gleicher Energie unterscheiden.

Erhöht man die Zählrohrspannung über den Proportionalbereich hinaus, vergrößert sich die Lawinenbildung und erstreckt sich schließlich entlang des ganzen Zentraldrahtes, wo die elektrische Feldstärke am höchsten ist. Bei der

Ausweitung der Lawinenbildung spielt der Photoeffekt der bei der Ionisation auftretenden Photonen eine wesentliche Rolle. Diese Photonen erzeugen in der Zählrohrwand weitere Sekundärelektronen erzeugen, die ihrerseits weitere Lawinen verursachen. Die erzeugte Ladungsmenge ist jetzt unabhängig von der Primärladung. Jedes primär ionisierende Teilchen erzeugt einen gleich großen Spannungsimpuls. Der beigemengte Alkoholdampf bewirkt, daß die Entladung des Zählrohrs schnell wieder gelöscht wird. Die Spannung kann bis zum Einsetzen der kontinuierlichen Entladung erhöht werden, ohne daß der Impulsstrom zunimmt. Man nennt diesen Bereich den *Auslöse-* oder *Zählbereich*. Überschreitet man diesen Bereich mit der Zählrohrspannung, treten auch spontane Entladungen auf; das Zählrohr ist dann nicht mehr brauchbar. Eine typische Abhängigkeit des Impulstroms von der angelegten Zählrohrspannung ist in Bild 6.3a schematisch dargestellt. Es ist hierbei zu beachten, daß der vertikale Maßstab lagarithmisch ist und die Stromstärke über mehrere Zehnerpotenzen variiert.

Bei konstanter Strahlungsintensität hängt die Zahl der Impulse je Zeiteinheit (die Impulsrate), die mit einem Zählrohr ermittelt wird, von der angelegten Spannung ab. Unterhalb einer gewissen Einsatzspannung kann keine ausreichende Ladungssammlung stattfinden; das Zählrohr gibt keine Stromimpulse ab. Darüber steigt die Zählrate rasch an und erreicht nach etwa 50 V über der Einsatzspannung einen über ein Spannungsintervall von mehreren 100 V gleichbleibenden Wert (Plateau). Diese typische Zählratencharakteristik ist in Abb. 6.3b wiedergegeben. Der *Auslösezähler* oder GEIGER-MÜLLER-*Zähler* ist ein im Auslöse- oder Zählbereich betriebenes Zählrohr.

In der Kern- und Teilchenphysik sind heute Detektoren weit verbreitet, bei denen nicht nur ein Auslösedraht wie beim Zählrohr, sondern viele parallel verlaufende Drähte in einem gemeinsamen Gasvolumen zur Registrierung von ionisierenden Teilchen verwendet werden. Die Ladungslawine löst nur in dem der Bahn am nächsten gelegenen Draht einen Stromimpuls aus. Ein Satz solcher *Drahtkammern*, die gekreuzt entlang der Teilchen-Flugbahnen angebracht sind, gestattet, den Verlauf dieser Bahnen exakt auszumessen, da Impulse für jeden einzelnen Draht gesondert registriert werden. Auf zwei Typen von Drahtkammern wird in 6.6 näher eingegangen.

6.3   Der Szintillationszähler

Bei den Szintillationszählern nutzt man zum Nachweis ionisierender Strahlung die Tatsache aus, daß sie in geeigneten Substanzen Leuchterscheinungen (Lumineszenzen) in Form von winzigen Lichtblitzen (Szintillationen) hervor-

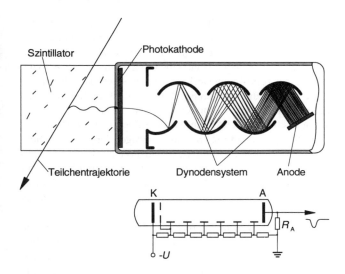

Bild 6.4 Schematische Darstellung des Szintillationszählers und Spannungsteiler-schaltung des Photomultipliers

ruft. Dies ist z.B. auf einem Zinksulfid-Schirm der Fall, wie er von GEIGER und MARSDEN zur Zählung von α-Teilchen benutzt wurde. Moderne Szintillationszähler „zählen elektronisch". Ein solcher Zähler besteht – außer der eigentlichen „Zählelektronik" – aus zwei Komponenten: dem *Szintillator* (einer Flüssigkeit oder einem festen Stoff) und dem *Photomultiplier*. Ein geladenes Teilchen, welches den Szintillator durchläuft, verliert Energie durch Ionisation, Anregung und Moleküldissoziation. Ein Bruchteil der abgegebenen Energie erscheint als Lumineszenzlicht. Das erzeugte Licht wird (meistens über einen Lichtleiter) auf die Photokathode des Photomultipliers gesammelt und durch ihn in ein registrierbares elektrisches Signal verwandelt.

Ein *Photomultiplier* stellt einen Elektronenvervielfacher dar, bei dem über den Photoeffekt aus der Kathode Primärelektronen ausgelöst werden, deren Anzahl anschließend in einem System von Vervielfachungselektroden, den sog. Dynoden, um einige Zehnerpotenzen vergrößert wird (Bild 6.4). Zwischen den Dynoden liegen konstante Spannungen von typisch 100–150 V an. Sie werden durch Spannungsteilung einer zwischen Kathode und letzter Elektrode, der Anode, angelegten Hochspannung erzeugt. Die Dynoden sind so geformt und angeordnet, daß von einer Dynode zur anderen eine Fokussierung der Elektronen erfolgt. Ihre Oberflächen sind mit einer Schicht belegt, aus der beim Aufprall eines Elektrons zusätzliche Elektronen („Sekundärelektronen") freigesetzt werden. Die von der Photokathode austretenden Elektronen werden durch das elektrische Feld zur ersten Dynode beschleunigt und erzeugen dort zusätzliche Elektronen usw. Der Elektronenstrom wächst bis zur Anode lawinenartig an, wo er über einen Widerstand einen Spannungsimpuls erzeugt, dessen Höhe proportional zum Energieverlust des den Szintillator durchquerenden Teilchens ist. Kommt das ionisierende Teilchen im Szintillatormaterial zur Ruhe, läßt sich seine kinetische Gesamtenergie bestimmen.

Im Vergleich zu gasgefüllten Detektoren wird die Energie der einfallenden Strahlung durch den flüssigen oder festen Szintillator wegen der größeren Dichte mit größerer Wahrscheinlichkeit absorbiert, so daß diese Nachweisgeräte erheblich empfindlicher sind. Wegen ihrer hohen Ansprechwahrscheinlichkeit für Gammastrahlung und einer großen Lichtausbeute haben speziell mit Thallium dotierte Natriumjodidkristalle (NaJ(Tl)) als Szintillatoren in der Kernphysik eine besondere Bedeutung erlangt.

Szintillationszähler für die Gammaspektroskopie werden heute auch von den Lehrmittelfirmen für Schulen angeboten. Durch Verwendung zweier verschiedener Szintillatoren eines NaJ(Tl)-Kristalls und eines sog. Plastikszintillators, die leicht gegenseitig ausgetauscht werden können, ist es möglich, alle drei Kernstrahlungsarten mit einem einzigen Detektor zu spektroskopieren (HILSCHER 1985).

6.4 Der Halbleiter-Detektor

Die Verwendung von Halbleitern als Kernstrahlungsdetektoren basiert darauf, daß ihre elektrische Leitfähigkeit durch Absorption der Strahlung erhöht wird. Bei sehr tiefen Temperaturen verhalten sich Halbleiter wie Isolatoren; es stehen keine beweglichen Ladungsträger zur Verfügung. Bei Zimmertemperatur liegt die spezifische Leitfähigkeit reiner Halbleiter (z.B. Silizium- oder Germaniumkristalle) zwischen der von Isolatoren und Leitern, da ein geringer Anteil der Elektronen aufgrund der thermischen Energie vom Valenz- in das Leitungsband angehoben ist und für den Ladungstransport zur Verfügung steht[1]. Dringt ein geladenes Teilchen oder ein Gammaquant in den Halbleiter ein und gibt seine Energie an ihn ab, so werden mittels der zugeführten Energie Elektronen freigesetzt (aus dem Valenzband in das Leitungsband gehoben). Die Leitfähigkeit

---

[1] Zum Ladungstransport in Halbleitern trägt neben dem Strom der Leitungsbandelektronen ein zweiter Leitungsmechanismus bei. Die vierwertigen Atome des Siliziums bzw. Germaniums sind im Kristall durch je eine Elektronenpaarbindung an ihre vier nächsten Nachbarn gebunden. Jedes ins Leitungsband angehobene Elektron hinterläßt eine Lücke in einer dieser Atombindungen. Diese Elektronenfehlstellen in der Bindung – „Löcher" genannt – verhalten sich unter dem Einfluß eines elektrischen Feldes wie bewegliche positive Ladungsträger.

nimmt zu, und ein Teilchendurchgang könnte im Prinzip durch Messung der Stromstärke bei fester angelegter Spannung nachgewiesen werden. Der Effekt ist jedoch bei reinen Halbleitern wie Silizium- oder Germanium-Kristallen sehr schwach.

Wesentlich größere Stromstärken erzielt man bei Verwendung von *Halbleiterdioden*. Diese bestehen aus zwei mit anderen Elementen dotierten Halbleiterschichten. In der sog. p-leitenden Schicht werden die vierwertigen Elemente Silizium oder Germanium mit einem dreiwertigen Element wie z.B. Indium versetzt, die andere, n-leitende Schicht wird durch Zugabe eines fünfwertigen Elementes wie Arsen erzeugt[2].

In der Grenzschicht von n-leitendem und p-leitendem Kristall diffundieren Elektronen wegen des Konzentrationsgefälles vom n-leitenden Teil in den p-leitenden Teil und umgekehrt positive Defektstellen (Löcher) vom p-Leiter in den n-Leiter. Da die negativen Ionen des dreiwertigen und die positiven Ionen des fünfwertigen Elements jedoch fest im Kristall zurückbleiben, baut sich ein elektrisches Feld auf, das versucht, die Elektronen und Löcher wieder in die Ausgangsmaterialien zurückzuführen. Im Gleichgewichtszustand ergibt sich für jede Ladungsträgersorte ein Gesamtstrom vom Wert Null. Der Bereich dieser Feldzone ist an beweglichen Ladungsträgern verarmt und stellt ein Gebiet mit hohem inneren Widerstand dar. Durch Anlegen einer äußeren elektrischen Spannung läßt sich die Dicke dieser Verarmungszone beeinflussen. Sie wird vergrößert, wenn der n-leitende Teil an den positiven Pol der Spannungsquelle angeschlossen wird; die Diode ist in Sperrichtung geschaltet. Bei Umpolung des äußeren Feldes fließen die Ladungsträger wieder in den Ausgangskristall zurück, und der Widerstand ist gering: Durchlaßrichtung der Diode. Die Verarmungszone kann Dicken in der Größenordnung von Millimetern, bei besonderer Herstellung von Zentimetern, erreichen.

Fällt ein ionisierendes Teilchen in die Verarmungszone ein, so werden Elektron-Loch-Paare erzeugt. Die mittlere Energie zur Erzeugung eines solchen Paares beträgt in Silizium 3,23 eV und in Germanium 2,84 eV. Da diese Energiewerte sehr gering sind (etwa 1/10 von denen in Gasen (Ionisationskammer)), werden in der Verarmungszone sehr viele Elektron-Loch-Paare durch das einfallende Teilchen erzeugt, die vom elektrischen Feld der Verarmungszo-

---

[2] Durch Einbau von Atomen fünfwertiger Elemente kann die Dichte der beweglichen negativen Ladungsträger (Leitungsbandelektronen) erhöht werden. Da das fünfte Valenzelektron für die Bindung an die vier nächsten Nachbarn überflüssig ist, wird es leicht in das Leitungsband angehoben. Zurück bleibt ein ortsfestes positives Ion. Die Konzentration der Elektronenfehlstellen geht durch Rekombination mit Überschußelektronen zurück, so daß der Ladungstransport in einem solchen n-Halbleiter ganz überwiegend ein Elektronenstrom ist. Durch Dotierung mit Atomen dreiwertiger Elemente erhält man einen sog. p-Halbleiter, in dem die Konzentration der „Löcher" sehr viel größer als die der Leitungselektronen ist. Das dreiwertige Element ist in Form negativer Ionen in das Kristallgitter eingebaut.

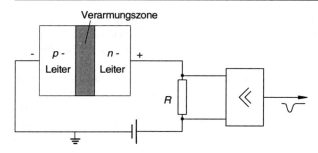

Bild 6.5 Prinzipielles Schema des Halbleiterdetektors

ne abgesaugt werden und im äußeren Feld zu den äußeren Elektroden driften. Sie bilden einen Strom, der an einem Widerstand R – wie beim Zählrohr – einen Spannungsimpuls erzeugt (Bild 6.5). Funktionsweise und Aufbau eines Halbleiterdetektors gleichen also denen einer Fotodiode; der Hauptunterschied besteht in der Dicke der Verarmungszone, die wegen der größeren Reichweite der Kernstrahlung größer sein muß.

Bleibt das ionisierende Teilchen im Halbleiterdetektor stecken, so ist die Amplitude des Ausgangssignals proportional zur Energie des eingefallenen Teilchens. Durchsetzt das Teilchen den Kristall, so ist die Höhe des Ausgangsimpulses proportional zum abgegebenen Energieverlust.

Der Halbleiterdetektor wirkt im Prinzip wie eine Ionisationskammer, wobei der Unterschied darin besteht, daß das Medium fest und nicht gasförmig ist und daß wesentlich weniger Energie zur Erzeugung eines Ladungsträgerpaares notwendig ist. Es werden folglich je einfallendes Teilchen mehr Ladungsträger erzeugt, was zu einer wesentlich besseren Energieauflösung (geringe statistische Schwankungen der Impulshöhen) führt. Ein absorbiertes α-Teilchen erzeugt etwa 10^6 Elektron-Loch-Paare in der Verarmungszone. Wegen der geringen Reichweite von α-Teilchen muß man die Sperrschicht dicht unter die Oberfläche des Detektorkristalls legen (Oberflächen-Sperrschicht-Detektor).

Obwohl Halbleiterdetektoren ursprünglich für Teilchen geringer Reichweite, wie α-Teilchen, entwickelt worden waren, können heute Teilchen jeder Art nachgewiesen werden. Mit Germaniumdetektoren kann auch Gammastrahlung nachgewiesen werden, wobei der Kristall jedoch tiefgekühlt werden muß. Auf diese besondere Technik können wir hier nicht eingehen. Die Gamma- und Röntgenspektroskopie mit Halbleiterdetektoren übertrifft in der Energieauflösung diejenige mit Szintillationszählern bei weitem.

Aufgabe 6.1 *Halbleiter-Detektoren zur Spektroskopie von Gammastrahlung sind hinsichtlich der relativen Energieauflösung $\Delta E / E$ (E = Energie der*

Gamma-Strahlung) den Szintillationszählern weit überlegen. Die Energieauflösung ΔE wird wesentlich bestimmt durch die statistischen Schwankungen σ_N der Zahl N der Ladungsträger, die primär durch die Absorption einens Strahlungsquants ausgelöst (beim Halbleiter-Detektor) oder indirekt erzeugt werden (in der Photokathode des Photomultipliers eines Szintillationsdetektors). Im allgmeinen ist $\sigma_N = \sqrt{N}$. Für den Halbleiter gilt aufgrund des sog. Fano-Effekts, der hier nicht weiter interessiert, $\sigma_N = \sqrt{FN}$ ($F \approx 0{,}1$).

Schätzen Sie die durch Ladungsfluktuationen bedingte relative Energieauflösung eines Germanium(Ge)-Halbleiter-Detektors und eines NaJ(Tl)-Szintillationsdetektors vergleichbarer Größe für die 662-keV-Gammastrahlung einer ^{137}Cs-Quelle unter Verwendung der folgenden Angaben ab:
Energie zur Erzeugung eines Elektron-Loch-Paares in Ge: 2,8 eV. Lichtausbeute in NaJ(Tl): ungefähr 11% der absorbierten Energie wird in Lichtenergie umgesetz. Mittlere Energie der Szintillationsphotonen: 3 eV. 25% der erzeugten Photonen erreichen die Photokathode; davon lösen 20% je ein Photoelektron aus (Kathodeneffizienz).

6.5 Nebelkammer und Blasenkammer

Während wir bisher Detektoren behandelt haben, die den Nachweis eines ionisierenden Teilchens elektronisch anzeigen, sollen nun noch zwei Nachweisgeräte vorgestellt werden, welche die *Teilchenbahnen optisch sichtbar* machen: die *Nebel-* und die *Blasenkammer*. Sie funktionieren auf der Basis sehr ähnlicher Erscheinungen. Auf eine dritte Art optischer Kammer, die Funkenkammer, wird nicht eingegangen. Für die Schulphysik relevant sind wegen des apparativen Aufwandes und der damit verbundenen Kosten nur einfachste Ausführungen von Nebelkammern.

6.5.1 Nebelkammern

Wird ein mit einem Flüssigkeitsdampf gesättigter Raum adiabatisch abgekühlt, so dauert es eine gewisse Zeit, bis sich durch Kondensation eines Teils des Dampfes ein der niedrigeren Temperatur entsprechender geringerer Sättigungsdampfdruck eingestellt hat. Es tritt vorübergehend Übersättigung ein. Die Kondensation beginnt bevorzugt an sog. Kondensationskernen. Diese können winzige Staubteilchen oder andere Verunreinigungen oder auch elektrisch geladene Moleküle (Ionen) sein. Von der durch Ionen induzierten Tröpfchenbildung in einem übersättigten Dampf macht die Nebelkammer Gebrauch, wobei wiederum die ionisierende Wirkung der radioaktiven Strahlung ausgenutzt wird.

Es gibt zwei Typen von Nebelkammern, die sich darin unterscheiden, wie der übersättigte Dampf erzeugt wird. In beiden Fällen werden die längs der Flugbahn in der Kammer gebildeten Flüssigkeitströpfchen durch Beleuchtung sichtbar gemacht und können fotografiert werden.

Die Expansionsnebelkammer (C.T.R. Wilson, 1912)

In Bild 6.6 ist eine in Physiksammlungen häufig zu findende Expansionskammer schematisch gezeichnet, an der die prinzipielle Funktionsweise erläutert wird.

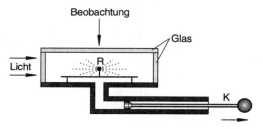

Bild 6.6
Schematische Darstellung einer Expansionsnebelkammer mit radioaktivem Präparat (HÖFLING 1976)

Durch rasche Bewegung des Kolbens K nach rechts wird das Kammervolumen adiabatisch vergrößert. Die mit der Expansion verbundene Abkühlung des in der Kammer befindlichen gesättigten Dampfes (Wasser-Alkohol-Gemisch) führt zu einer Übersättigung des Dampfes. Durchquert unmittelbar nach der Expansion ein von dem radioaktiven Präparat R emittiertes energiereiches Teilchen den Kammerraum, so bilden sich an den Ionen, die das Teilchen längs seiner Bahn erzeugt, Nebeltröpfchen. Bei geeigneter seitlicher Beleuchtung wird das Licht an diesen Tröpfchen so gestreut, daß die Teilchenbahn gegen den dunklen Hintergrund als heller Nebelstreifen beobachtet und fotografiert werden kann. Bild 6.7 zeigt die Spuren von α-Teilchen verschiedener Reichweite.

Die Diffusionsnebelkammer

Während die Expansionskammer nur nach erfolgter Expansion aufnahmebereit ist, arbeitet eine Diffusionskammer kontinuierlich. Sie hat ferner den Vorteil, daß sie keine beweglichen Teile besitzt. Die Übersättigung des in der Kammer befindlichen Dampfes wird durch ein stationäres Temperaturgefälle in einem Teil des Kammervolumens dauernd aufrecht erhalten. Der in der oberen erwärmten Hälfte der Kammer erzeugte Flüssigkeitsdampf diffundiert durch

Bild 6.7
α-Teilchen-Spuren in einer Expansionsnebelkammer (E. SEUS)

das Füllgas (normalerweise Luft) zu dem erheblich kälteren Kammerboden. Er
kommt dabei in immer kältere Schichten und wird von einer gewissen Höhe
ab übersättigt. In diesem Übersättigungsgebiet können die Spuren ionisierender Teilchen wie bei der Expansionskammer durch Streulicht sichtbar gemacht
werden. Die entstandenen Ionen werden von einem elektrischen Feld abgesaugt.

6.5.2 Die Blasenkammer

In einer Blasenkammer werden die Bahnen energiereicher ionisierender Teilchen nicht durch die Kondensation von übersättigten Dämpfen, sondern durch
die Verdampfung von überhitzten Flüssigkeiten sichtbar gemacht. Das Funkti-
onsprinzip besteht also darin, daß in einer überhitzten Flüssigkeit beim Einfall
eines ionisierenden Teilchens an den Stellen der Ionisation Bläschen entstehen,
welche die Teilchenbahn anzeigen. Den überhitzten Zustand erreicht man durch
plötzliche Druckminderung einer unter hohem Druck stehenden Flüssigkeit.

Die Flüssigkeit wird auf eine Temperatur T_1 gebracht, die gerade etwas unterhalb der Siedetemperatur bei dem Druck p_1 liegt. Dieser Druck wird – wie bei
der Expansionsnebelkammer – durch die Bewegung eines Stempels nach außen
plötzlich auf den wesentlich geringeren Wert p_2 reduziert. Die Flüssigkeit befindet sich jetzt in einem instabilen Zustand, der dadurch charakterisiert ist, daß
bei dem Druck p_2 die Temperatur T_1 höher ist als die zu diesem Druck gehörende Siedetemperatur. Die Flüssigkeit ist überhitzt; es tritt eine Siedeverzögerung
von einigen Minuten ein. Fällt während dieser Zeit ein ionisierendes Teilchen
in die Kammer ein, so beginnt die Flüssigkeit lokal an den Stellen, an denen
Ionisationsenergie abgegeben wird, zu sieden. Es bilden sich längs der Teilchenbahn sichtbare feine Gasbläschen. Als Flüssigkeiten werden organische

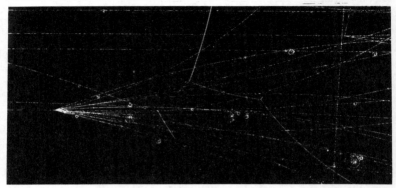

Bild 6.8 Teilchenspuren in einer Blasenkammer (CERN). Durch Wechselwirkung eines hochenergetischen Pions mit einem Proton (Wasserstoffkern der Kammerfüllung) wurden hier 18 Sekundärteilchen erzeugt.

Flüssigkeiten, Edelgase, Wasserstoff oder Deuterium verwendet. Bild 6.8 ist ein Beispiel einer Blasenkammeraufnahme.

In der Kern- und Teilchenforschung hatte die Blasenkammer, die 1952 von dem Amerikaner D. GLASER entwickelt wurde, die Nebelkammer völlig verdrängt, bis sie in den siebziger Jahren dann ihrerseits von den Vieldrahtkammern (s. 6.6) abgelöst wurden. Es waren dort Blasenkammern mit Füllvolumina von mehreren Kubikmetern in Betrieb. Die „Große Europäische Blasenkammer" (BEBC = Big European Bubble Chamber) im europäischen Großforschungszentrum für Teilchenphysik CERN bei Genf (Bild 6.9), eine der größten Blasenkammern der Welt, hatte einen Durchmesser von 3,7 m und war mit 38 m^3 flüssigem Wasserstoff gefüllt.

6.6 Vieldraht-Kammern mit elektronischer Auslesung

Die optischen Spurenkammern Nebel-, Blasen- und Funkenkammer (letztere ist hier nicht behandelt worden) haben gemeinsam, daß die in ihnen erzeugten Teilchenspuren fotografisch festgehalten werden müssen. Aufgrund des unvermeidlichen Filmtransports und der Aufnahmetechnik der Kameras, aber auch wegen der Lösch- und Erholphase, welche die optischen Spurenkammern nach jeder Aktivierung benötigen, können mit optischen Kammern höchstens einige Aufnahmen je Sekunde gemacht werden. Dadurch entstehen bei hohen Ereignisraten erhebliche Verluste, die umso schmerzlicher sind, je seltener der Typ von Ereignissen ist, nach dem gefahndet wird. Um nur wenige der seltenen Ereignisse mit ihrer charakteristischen Spurensignatur auf den Photographien

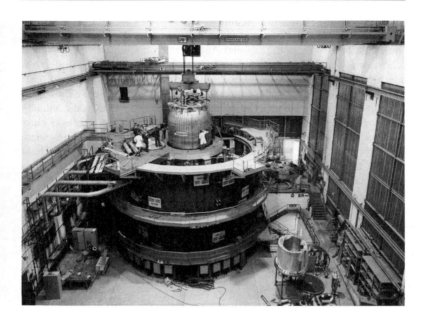

Bild 6.9 Die „Große Europäische Blasenkammer" während der Montage bei CERN (Foto: CERN)

ausfindig zu machen – eine Sisyphusarbeit par excellence – müssen unter Umständen Millionen von Bildern auf kilometerlangen Filmstreifen durchgemustert und gescannt werden. Deswegen haben sich die an den Beschleunigern experimentierenden Kern- und Elementarteilchenphysiker schon früh nach anderen Methoden der Spurensicherung umgesehen. Eine geniale Lösung der Probleme fand der französische Physiker Georges CHARPAK mit seinen Mitarbeitern in den sechziger Jahren am europäischen Forschungszentrum CERN bei Genf durch die Konstruktion von Vieldraht-Proportionalkammern, deren elektronische Signale zur Aufnahme von Teilchenspuren herangezogen werden können. CHARPAK wurde für diese Leistung 1992 mit dem Nobelpreis für Physik ausgezeichnet. Die Vieldrahtkammern haben in der Forschung inzwischen die optischen Kammern gänzlich abgelöst. Sie werden in Experimenten in der Regel in Bereichen untergebracht, in denen ein Magnetfeld herrscht, um aus der durch die Lorentzkraft verursachten Krümmung der Teilchenbahnen den Impuls ermitteln zu können.

6.6.1 Vieldraht-Proportionalkammern

Die Funktion des Proportional- und Auslösezählrohrs basiert – wie wir aus 6.2 wissen – auf der Ladungsvervielfachung in unmittelbarer Nähe der Anode, einem gegenüber dem Zählrohrmantel, der die Kathode bildet, auf positivem Potential liegenden dünnen Draht. Hier herrscht ein hoher Feldgradient. Die Lawinenbildung startet etwa in einem Abstand von der Größenordnung des Drahtradius und entwickelt sich sehr schnell, ungefähr innerhalb einer Nanosekunde. Die Tatsache, daß sich das wesentliche Geschehen in einem Proportional-Zählrohr in einem sehr engen Schlauch um den Zentrahldraht abspielt, brachte CHARPAK auf die Idee, eine Proportionalkammer zu konstruieren, bei der viele parallele Drähte, die alle auf gleichem (positiven) Potential liegen, eine Ebene bilden, deren Abstand zu zwei zur Drahtebene parallelen ebenen (negativen) Gegenelektroden gleich groß ist. Die Gegenelektroden können aus einem feinmaschigen Drahtnetz oder aus einer aluminiumbeschichteten Mylarfolie bestehen. Als gasdichtes Gehäuse verwendet man einen mit Folie bespannten stabilen Rahmen.

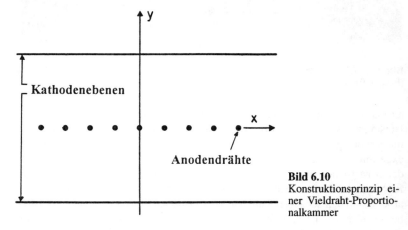

Bild 6.10
Konstruktionsprinzip einer Vieldraht-Proportionalkammer

Bild 6.10 zeigt das Konstruktionsprinzip einer Vieldraht-Proportionalkammer, und aus Bild 6.11 ist der Feld- und Potentialverlauf in einer solchen Vieldraht-Kammer zu entnehmen. In der Tat erkennt man in Bild 6.11, daß die Zylindergeometrie des elektrischen Feldes in Drahtnähe, die für die Lawinenbildung wesentlich ist, erhalten bleibt; jeder Draht ist von einem Feldschlauch mit hohem Gradienten – wie beim einzelnen Zählrohr – umgeben. Beim Durchgang eines ionisierenden Teilchens durch die Kammer tritt nur an dem Draht eine Elektronenlawine und damit auch ein Stromimpuls auf, in dessen unmittelbarer Nähe die Ionisationsspur verläuft. Der prinzipielle Aufbau einer

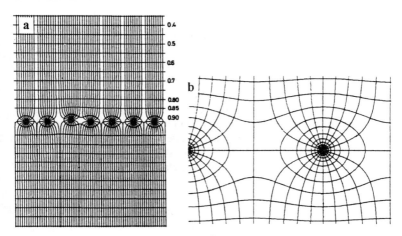

Bild 6.11 a) Elektrische Feld- und Äquipotentiallinien in einer Vieldraht-Proportionalkammer. Die Auswirkung einer kleinen Versetzung eines Drahtes auf das Feld wird ebenfalls gezeigt. b) Vergrößerter Ausschnitt des Feldes um die Anodendrähte (Kleinknecht 1992)

ebenen Vieldraht-Proportionalkammer ist also denkbar einfach: Eine Kammer enthält (mindestens) drei parallele Elektrodenebenen, zwei Kathoden- und eine Anodenebene. Die Anodenebene besteht aus vielen (bis zu einigen tausend) parallelen dünnen Drähten, deren Durchmesser etwa 1 % des Drahtabstandes beträgt (typische Dimensionierung: Durchmesser 20 μm, Abstand 2 mm; Drahtmaterial: goldbedampftes Wolfram). Sie ist in der Mitte zwischen den zu ihr parallelen Kathodenebenen angeordnet. Der Abstand zu den Kathodenebenen beträgt typischerweise 10 mm. Die Anodendrähte liegen auf Nullpotential und sind je an einen Verstärker angeschlossen. (Bei Ausnutzung der Laufzeit des erzeugten Impulses zur Lokalisation der Ladungslawine an einem Draht sind je Draht zwei Verstärker erforderlich, einer an jedem Drahtende.) Die Kathodenebenen werden aus Drähten, Drahtnetzen oder Metallfolien gespannt und auf negative Hochspannung (ca. 5 KV) gelegt. Der zur Aufnahme der Elektroden und zur mechanischen Stabilität erforderliche Rahmen wird meist aus Glasfibermaterial gefertigt. Mit Folie bespannt umschließt er den Gasraum. Als Füllgas hat sich ein Edelgas (bevorzugt Argon) mit einer Beimischung von Kohlenwasserstoffen wie Methan, Isobutan oder Ethylen bewährt. Die Gasmischung durchströmt die Kammer. Die richtige Mixtur und Durchflußgeschwindigkeit sowie konstante Bedingungen für das Gas sind entscheidend für den einwandfreien Betrieb von Vieldraht-Proportionalkammern. Die Zeitauflösung, d.h. die zeitliche Fluktuation der an einem Draht registrierten Impulse hängt vom Drahtabstand ab und liegt bei 2 mm Drahtabstand bei ungefähr 25 ns. Sie liegt damit nahe an der von Szintillationsdetektoren, die eine Zeitauflösung von einigen Nanosekunden aufweisen. Die Zählraten von Proportionalkammern sind im wesentlichen begrenzt durch die Registrierelektronik. Detektionsraten von 10^6 Teilchen je Sekunde und Draht stellen kein Problem dar. Um den räumlichen Verlauf von Teilchenbahnen rekonstruieren zu können, müssen eine ganze Serie von Vieldraht-Proportionalkammern hintereinander angeordnet werden. Enthält jede dieser Kammern nur eine Anodenebene (es gibt auch Mehrschichtkammern), so muß bei der Aneinanderreihung darauf geachtet werden, daß die Ebenen der Anodendrähte aufeinanderfolgender Kammern um einen Winkel von 90° um die Mittelachse senkrecht zu den Ebenen gegeneinander gedreht sind. Dadurch liefern je zwei benachbarte Kammern im einfachsten Fall ein x-y-Koordinatenpaar zur Rekonstruktion einer Teilchenspur. Mit einem solchen Satz von Kammern mit 2 mm Drahtabstand erreicht man (ohne Kathodenauslesung) eine Ortsauflösung von $\sigma = 0,6$ mm. Die erste große Vieldraht-Proportionalkammer, die beim CERN gebaut wurde, zeigt das Foto von Bild 6.12, auf dem CHARPAK (ganz links) und zwei seiner Mitarbeiter beim Testen der Kammer zu sehen sind.

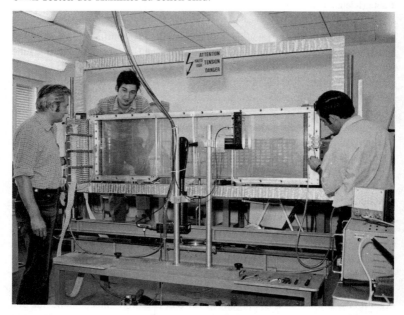

Bild 6.12 Die erste große Vieldraht-Proportionalkammer, die von der CHARPAK-Gruppe bei CERN gebaut wurde (Foto: CERN).

6.6.2 Driftkammern

Bereits in seiner ersten Veröffentlichung über Vieldraht-Proportionalkammern aus dem Jahr 1968 (CHARPAK 1968) äußert Charpak die Vermutung, daß sich die Ortsgenauigkeit wesentlich verbessern lassen müßte, wenn man die Driftzeit der primär erzeugten Elektronen vom Ort der Entstehung bis in den Bereich hoher Feldstärken, in dem die Lawinenbildung einsetzt, messen könnte. Er hatte Recht behalten. In kurzer Zeit entwickelte sich aus der Proportionalkammer als Ableger die sog. Driftkammer, die inzwischen aus der Instrumentierung der Kern- und Teilchenphysik-Experimente ebensowenig wie die Proportionalkammer wegzudenken ist. Eine Driftkammer ist eine Proportionalkammer, bei welcher der Driftraum für die primär erzeugten Elektronen derart ausgebildet ist, daß im Driftraum eine möglichst konstante Feldstärke und damit auch eine konstante Driftgeschwindigkeit herrschen. Diese Bedingung kann durch zusätzliche Potentialdrähte oder durch Kathodendrahtebenen, die keine Äquipotentialflächen bilden, erreicht werden. Bei konstanter Driftgeschwindigkeit ist der Driftweg proportional zur Differenz zwischen dem Zeitpunkt der Entstehung des Primärelektrons und dem des Auftretens des Anodensignals. Während in kleinen Kammern die Ortsauflösung durch die zeitliche Auflösung der Elektronik ($\geq 40\ \mu$m) und die Diffusion der Elektronen auf ihrem Driftweg ($\leq 50\ \mu$m bei 20 mm Driftweg) begrenzt wird, bestimmen bei großflächigen Kammern (Fäche $\geq 10\ \mathrm{m}^2$) die mechanischen Toleranzen bei der Drahtpositionierung (100–300 μm) und das Durchhängen der bis zu 4 m langen Drähte infolge ihres Eigengewichts die Auflösung (KLEINKNECHT 1992). Driftkammern haben neben der guten Ortsauflösung die Vorteile, daß man mit weniger Anodendrähten (und damit weniger Ausleseelektronik) auskommt und – dadurch auch bedingt – sehr großflächige Detektoren bauen kann).

Nachdem G. CHARPAK die Teilchenphysik von der photographischen Technik befreit hat, bemüht er sich seitdem mit großem Erfolg, auch die Biologie und die Medizin durch den Einsatz von Vieldraht-Kammern und modernster Elektronik von den Nachteilen photographischer Methoden zu erlösen (CERN 1987/90). Mit Driftkammern und Drift-Proportional-Hybridkammern lassen sich Röntgenaufnahmen hoher Auflösung erstellen. In der Betastrahlen-Radiographie wurde in einer Zusammenarbeit zwischen CERN und dem Cantonalhospital Genf eine neue Technik entwickelt, bei der das schwache Licht, das bei der Lawinenbildung in einer Vieldraht-Proportionalkammer spezieller Konstruktion emittiert wird, mit einer Bildverstärker-CCD Kamera aufgenommen wird. Dabei kann die Entstehung des Bildes kontinuierlich verfolgt werden, und die Aufnahmezeit ist gegenüber der photographischen Methode um einen Faktor hundert verkürzt. Nachdem G. CHARPAK das auf diese Weise aufgenommene

Bild der Niere einer Ratte (s. Bild 6.13) gesehen hatte, soll er gesagt haben:
„Diese Rattenniere veränderte mein Leben" (CERN 1992).

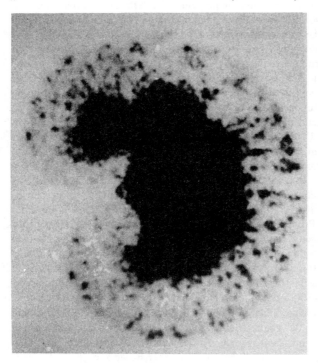

Bild 6.13 Radiogramm einer Rattenniere, aufgenommen mit einer Vieldrahtkammer
in Verbindung mit einer CCD-Kamera (CERN 1992)

A Lösungen und Lösungshinweise zu den Aufgaben

Zu Aufgabe 1.1: Aus Bild 1.18 entnehmen wir:

$$R(\text{Au})_{A=197} = 6{,}25 \cdot 10^{-15} \text{ m} ; \quad R^3 = 244 \cdot 10^{-45} \text{ m}^3$$
$$R(\text{In})_{A=115} = 5{,}20 \cdot 10^{-15} \text{ m} ; \quad R^3 = 141 \cdot 10^{-45} \text{ m}^3$$
$$R(\text{Co})_{A=59} = 4{,}1 \cdot 10^{-15} \text{ m} ; \quad R^3 = 69 \cdot 10^{-45} \text{ m}^3$$
$$R(\text{Ca})_{A=40} = 3{,}60 \cdot 10^{-15} \text{ m} ; \quad R^3 = 47 \cdot 10^{-45} \text{ m}^3$$

Der Graph von $R(A)^3$ sollte nach (1.11) eine Gerade sein. Die Punkte der vier Wertepaare liegern in der Tat in guter Näherung auf einer Geraden (vgl. Bild A.1).

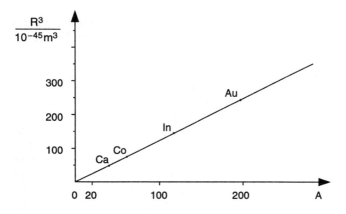

Bild A.1 Die Gleichung der eingezeichneten Geraden lautet: $R^3 = R_0^3 \cdot A$ mit $R_0^3 = 300/240 \cdot 10^{-45} \text{ m}^3 = 1{,}25 \cdot 10^{-45} \text{ m}^3$. Hiermit ist $R_0 = 1{,}08 \cdot 10^{-15}$ m.

Zu Aufgabe 2.1: Die Kernmasse ist die Differenz aus gesamter Nukleonenmasse und dem Massenäquivalent der Differenz von Nuklidbindungsenergie und Hüllenbindungsenergie. Die Atommasse erhält man, indem man von der Gesamtmasse aller Nukleonen und Elektronen das Massenäquivalent der Nuklidbindungsenergie subtrahiert.

Absolute Atommasse von ^{16}O: Für die Berechnung verwendet man am besten zunächst die Ruhenergien der Teilchen. Mit den Werten aus Tabelle 2.1 (S. 50) und von Tabelle 2.2 (S. 63) erhält man

$$
\begin{aligned}
m_{\mathrm{a}}(^{16}\mathrm{O}) &= 8\,m_{\mathrm{p}} + 8\,m_{\mathrm{n}} + 8\,m_{\mathrm{e}} - \frac{1}{c^2} \cdot 127{,}621 \text{ MeV} \\
&= \frac{8}{c^2}\,(938{,}2796 + 939{,}5731 + 0{,}511)\text{ MeV} - \\
&\quad - \frac{1}{c^2} \cdot 127{,}621 \text{ MeV} \\
&= \frac{1}{c^2} \cdot 14\,899{,}289 \text{ MeV} \\
&= \frac{14\,899{,}289}{(2{,}9979 \cdot 10^8)^2 \text{ m}^2/\text{s}^2} \cdot \frac{1 \text{ J}}{6{,}2415 \cdot 10^{12}} \\
&= 2{,}6561 \cdot 10^{-26} \text{ kg} \\
&= 15{,}995 \text{ u}
\end{aligned}
$$

Die relative Atommasse beträgt somit $A_{\mathrm{r}} = 15{,}995$. Als Mittelwert für die relative Atommasse der stabilen Sauerstoffisotope (^{16}O, ^{17}O, ^{18}O) liest man in der Nuklidkarte 15,9994 ab.

Zu Aufgabe 3.1: Wir nehmen an, in einen Kern mit gerader Protonen- und gerader Neutronenzahl werden schrittweise weitere Nukleonen eingebaut. Das nächste Nukleon besetzt das niedrigste der möglichen Energieniveaus. Angenommen, dies sei ein Neutronenniveau. Dann ist auch das nächstfolgende Nukleon in dieses Niveau einzubauen, muß also wiederum ein Neutron sein. Von den drei hieran beteiligten Kernen weist nur einer eine ungerade Zahl für eine Nukleonensorte auf. – Zur Begünstigung gerader Protonen-/Neutronenzahlen trägt aber vor allem noch die hier nicht berücksichtigte Paarungsenergie bei, die sich in diesem Bild des Kerns als Absenkung eines mit zwei Nukleonen besetzten Niveaus äußern würde (die Bindungs- bzw. Separationsenergie für ein „gepaartes" Nukleon ist größer als für ein „ungepaartes" in einem benachbarten Kern, vgl. Bild 3.1).

Zu Aufgabe 3.2: $^{14}_{7}N$ enthält 7 Protonen und 7 Neutronen. Je 6 von ihnen füllen die Einteilchenzustände $1s_{1/2}$ und $1p_3/2$; ihre Drehimpulse koppeln jeweils zu $J = 0$ (abgeschlossene Schalen). Die beiden restlichen Nukleonen besetzen jedes den $1p_{1/2}$-Zustand. Ihre Gesamtdrehimpulse mit $j = 1/2$ können zu den Kerndrehimpulsen mit den Quantenzahlen $J = 0, 1$ koppeln. Die Natur hat $J = 1$ gewählt.

Wegen der Kernladungszahl $Z = 7$ müßte nach GAMOV der N-Kern 14 Protonen und 7 Elektronen, d.h. eine ungerade Zahl von Spin-1/2-Teilchen enthalten. Diese können ihre Drehimpulse nach den Regeln der Quantenmechanik niemals zu einem Gesamtdrehimpuls mit geradzahliger Quantenzahl koppeln.

Zu Aufgabe 4.1: Die Halbwertszeiten der β^+- und β^--Strahler eines Elements werden in der Regel um so kleiner, je mehr die Neutronenzahl von der der stabilen Isotope abweicht.

Zu Aufgabe 4.2:

b)

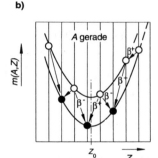

Bild A.2

Zu Aufgabe 4.3: Die Zerfallsrate, die proportionale zu $e^{-\lambda t}$ ist, stellt den geeigneten Gewichtsfaktor für die Mittelwertbildung der Zerfallszeiten dar:

$$\bar{t} = \frac{\int t e^{-\lambda t} \mathrm{d}t}{e^{-\lambda t} \mathrm{d}t} = \frac{\frac{1}{\lambda^2}}{\frac{1}{\lambda}} = \frac{1}{\lambda} = \tau \ .$$

Zu Aufgabe 4.4: Die gesuchten Energien sind die Energiedifferenzen der zu den zwei jeweils betrachteten Niveaus führenden α-Übergänge. Für den ganz links eingezeichneten γ-Übergang erhält man

$$E = E_{\alpha_0} - E_{\alpha_3} = 6,159 \text{ MeV} - 5,707 \text{ MeV} = 452 \text{ keV}.$$

Zu Aufgabe 5.1:

$$\begin{array}{ccccccccc} {}^{A}_{Z}X & \rightarrow & {}^{A+1}_{Z}X & \rightarrow & {}^{A+1}_{Z+1}Y & + & e^{-} & + & \bar{\nu}_{e} \\ & & & & \downarrow & & & & \\ & & & & {}^{4}_{2}He & + & {}^{4}_{2}He & & \end{array}$$

$$\begin{array}{lll} A+1 &=& 8; A = 7 \\ Z+1 &=& 4; Z = 3 \end{array} \implies \boxed{{}^{A}_{Z}X = {}^{7}_{3}Li} \; .$$

Zu Aufgabe 6.1:   Ge-Halbleiter-Detektor:

$$N_{Ge} = \frac{662 \cdot 10^{3}}{2,8} = 236 \cdot 10^{3};$$

$$\left(\frac{\Delta E}{E}\right)_{Ge} = \frac{\sigma_{N}}{N_{Ge}} = \frac{\sqrt{0{,}1 N_{Ge}}}{N_{Ge}} = \sqrt{\frac{0{,}1}{N_{Ge}}} = 6.5 \cdot 10^{-4} = 0{,}065\% \; .$$

NaJ(Tl)-Szintillations-Detektor:
Zahl der erzeugten Szintillationsphotonen: $0{,}11 \cdot 662 \cdot 10^{3}/3 = 24\,273$;
Zahl der Photoelektronen: $0{,}25 \cdot 24\,273 \cdot 0{,}2 = 1\,214$;

$$\left(\frac{\Delta E}{E}\right)_{NaJ} = \frac{\sigma_{N}}{N_{NaJ}} = \frac{1}{\sqrt{1\,214}} = 2{,}9\% \; .$$

Aufgrund hier nicht betrachteter Effekte liegt die tatsächliche relative Energieauflösung von gekühlten hochreinen Ge-Detektoren für 662-keV-Gammastrahlung etwa bei 0,13%, also doppelt so hoch wie oben berechnet.

Fazit: Die relative Energieauflösung eines Ge-Halbleiter-Detektors ist für 662-keV-Gammastrahlung mindestens um einen Faktor 20 besser als die eines NaJ(Tl)-Szintillations-Detektors.

B   Quellennachweise

Aus den folgenden Werken wurden Abbildungen, Tabellen oder Textauszüge übernommen. Die in Klammern gesetzten Angaben bezeichnen die Abbildung/Tabelle im vorliegenden Band Wir danken für die erteilten Abdruckgenehmigungen.

ALONSO, M. / FINN, E.J.: Fundamentals of University Physics. Vol. 3. Quantum and Statistical Physics. Copyright © 1973. Addison-Wesley Publishing Company, Inc. Reading Massachusetts, S. 159, 312, 311. Nachdruck mit Genehmigung. (Bild 3.2, 3.3, 3.4).

BIERI, R. / EVERLING F. / MATTAUCH, J.: Verbesserungen und gegenwärtige Leistungsfähigkeit des doppelfokussierenden Massenspektrographen. Zeitschrift für Naturforschung 10a (1955), 659–667 (Bild 1.22, 1.23).

Europäisches Laboratorium für Teilchenphysik CERN, 1211 Genève 23, Schweiz (Bild 6.8, 6.9).

EVANS, R.D.: The Atomic Nucleus. New York, Toronto, London: McGraw-Hill, 14th printing 1972, S. 18, 22, 428, 538, 515 (Bild 1.9, 1.10, 2.1 mod., 4.6, 4.14).

FAISSNER, H.: Schwache Wechselwirkungen und Neutrinos. In: SÜSSMANN, G. / FIEBIGER, N. (Hrsg.): Atome, Kerne, Elementarteilchen. Frankfurt a.M.: Umschau Verlag 1968, S. 150, 149 (Bild 4.7, 4.8).

HESE, A.: Kernphysik. In: BERGMANN/SCHAEFER: Lehrbuch der Experimentalphysik. Band IV, Teil 2. Aufbau der Materie. Herausgegeben von H. GOBRECHT. 2. Aufl. Berlin, New York: de Gruyter 1980, S. 1169 (Bild 1.15).

HÖFLING, O.: Physik, Band II, Teil 3. 13. Aufl. Bonn: Ferd. Dümmlers Verlag 1986, S. 856 (Bild 6.6).

HUBER, P.: Einführung in die Physik. Band III/2. Kernphysik. München/Basel: Ernst Reinhardt Verlag 1972, S. 24 (Bild 1.11, 1.12).

KAMKE, D.: Einführung in die Kernphysik für Physiker und Ingenieure im Hauptstudium. Braunschweig, Wiesbaden: Vieweg 1979, S. 24, 34, 14 (Bild 1.13, 1.17 mod., 2.6, Tabelle 2.2).

KOELZER, W.: Natürliche und künstliche Radionuklide – Entdeckung, Vorkommen, Strahlendosis. In: Kernforschungszentrum Karlsruhe (Hrsg.): Radioaktivität: Risiko – Sicherheit. Karlsruhe 1982 (Tabelle 4.2).

LÜSCHER, E. / JODL, H.J. (Hrsg.): Physik Gestern – Heute – Morgen. München: Moos 1971 (Auszug aus PAULIs Brief).

MAYER-KUCKUK, T.: Kernphysik. Eine Einführung. 4. Aufl. Stuttgart: Teubner 1984, S. 27, 28, 51, 195, 52 (Bild 1.16, 1.18, 2.7, 3.6, 4.2).

The Open University: Science Foundation Course, Unit 31 / The Nucleus of the Atom. Copyright ©1971. The Open University Press, Walton Hall. S. 15 (Bild 3.1).

PEREY, F. / BUCK, B.: A Non-local Potential Model for the Scattering of Neutrons by Nuclei. Nucl. Phys. 32 (1962), 353, Fig. 3 (Bild 1.19).

Physical Science Study Committee: PSSC Physik. Deutsche Ausgabe. Braunschweig: Vieweg 1974, S. 637 (Bild 4.10).

REID, J.M.: The atomic nucleus. Penguin library of physical sciences: Physics. Harmondsworth/ Middlesex, England: Penguin Books Ltd. 1972, S. 98, 164 (Bild 3.8, 3.9).

RUTHERFORD, E.: Über die Struktur der Atome. Baker-Vorlesung. Übersetzung von Dr. E. NORST. Leipzig: S. Hirzel-Verlag 1921 (heute S. Hirzel-Verlag Stuttgart).

SCHOENFELD, W.A. / DUBORG, R.W. / PRESTON, W.M. / GOODMAN, C.: The Reaction $Cl^{37}(p,n)A^{37}$; Excited States in A^{38*}. Phys. Rev. 85 (1952), 873–876, Fig. 1 (Bild 5.3).

SEGRÈ, E.: Nuclei and Particles. An Introduction to Nuclear and Subnuclear Physics. New York: W.A. Benjamin Inc. 1964 (Second printing 1965), S. 335 (Bild 4.13).

G. PFENNIG, H. KLEWE-NEBENIUS, W. SEELMANN-EGGEBERT: Karlsruher Nuklidkarte. 6. Aufl. Forschungszentrum Karlsruhe (Hrsg.), Institut für Radiochemie. Karlsruhe 1995. (Bild 4.1, Erläuterungen zur Nuklidkarte).

SEUS, E. (Bild 6.7)

WEIDNER, R.T. / SELLS, R.L.: Elementare moderne Physik. Übers.: Karlheinz JOST. Braunschweig, Wiesbaden: Vieweg 1982, S. 303, 372/373, 359, 400, 402 (Bild 1.17, 4.4, 4.12, 5.2, 5.4).

Literaturverzeichnis

ALONSO, M. / FINN, E.J.: Fundamentals of University Physics. Vol. 3. Quantum and Statistical Physics. Reading/Mass.: Addison-Wesley Publishing 1968, 6th printing 1973.

BACKENSTOSS, G.: Mesonenatome. Umschau in Naturwissenschaft und Technik 67 (1967), 442.

BARKLA, C.G.: Phil. Mag. 21 (1911), 648.

BIERI, R. / EVERLING, F. / MATTAUCH, J.: Verbesserungen und gegenwärtige Leistungsfähigkeit des doppelfokussierenden Massenspektrographen. Zeitschrift für Naturforschung 10a (1955), 659–667.

CERN Courier 2/27(1987), 7–10; 2/30(1990)25; 10/32(1992), 4

CHADWICK, J.: Proc. Roy. Soc. A 136 (1932), 692.

CHARPAK, G. et al.: Nucl. Instruments and Methods 62(1968), 262–268

COWAN, C.L. et al.: Science 124 (1956), 103.

EVANS, R.D.: The Atomic Nucleus. New York, Toronto, London: McGraw-Hill, 14th printing 1972.

FAISSNER, H.: Schwache Wechselwirkungen und Neutrinos. In: SÜSSMANN, G. / FIEBIGER, N. (Hrsg.): Atome, Kerne, Elementarteilchen. Frankfurt a.M.: Umschau Verlag 1968.

FRITZSCH, H.: Neutrinos beherrschen das Weltall. Umschau 83 (1983) Heft 3, 74–76.

GAMOV, G.: Z. Physik 51 (1928), 204.

GEIGER, H. / MARSDEN, E.: On a diffuse reflection of the α-particles. Proc. Roy. Soc. A 82 (1909), 495–500.

GEIGER, H. / MARSDEN, E.: The laws of deflexion of alpha particles through large angles. Phil. Mag. 25 (1913), 604–623.

GOEPPERT-MAYER, M.: Phys. Rev. 75 (1949), 1969; 78 (1950), 16.

GURNEY, R.W. / CONDON, E.U.: Nature 122 (1928), 122.

HAXEL, 0. / JENSEN, J.H.D. / SUESS, H.E.: Phys. Rev. 75 (1949), 1766.

HESE, A.: Kernphysik. In: BERGMANN/SCHAEFER: Lehrbuch der Experimentalphysik. Band IV, Teil 2. Aufbau der Materie. Herausgegeben von H. GOBRECHT. 2. Aufl. Berlin, New York: de Gruyter 1980.

HÖFLING, 0.: Physik, Band II, Teil 3, 13. Aufl. Bonn: Ferd. Dümmlers Verlag 1986.

HOFSTADTER, R.: Ann. Rev. Nucl. Sci. 7 (1957), 213.

HUBER, P.: Einführung in die Physik. Band III/2. Kernphysik. München/Basel: Ernst Reinhardt Verlag 1972.

KAMKE, D.: Einführung in die Kernphysik für Physiker und Ingenieure im Hauptstudium. Vieweg, Braunschweig/Wiesbaden 1979.

KLEINKNECHT, K.: Detektoren für die teilchenstrahlung, teubner Studienbücher Physik, B.G. Teubner, Stuttgart 1992.

KOELZER, W.: Natürliche und künstliche Radionuklide – Entdeckung, Vorkommen, Strahlendosis. In: Kernforschungszentrum Karlsruhe (Hrsg.): Radioaktivität: Risiko – Sicherheit. Karlsruhe 1982.

LÜSCHER, E. / JODL, H.J. (Hrsg.): Physik Gestern – Heute – Morgen. München: Moos 1971.

MAYER-KUCKUK, T.: Kernphysik. Eine Einführung. 4. Aufl. Stuttgart: Teubner 1984.

MÖSSBAUER, R.L.: Neutrino-Ruhemassen und Leptonzahlverletzung. Naturwiss. Rundschau 39 (1986) Heft 8, 321–326.

MOSELEY, H.G.: Phil. Mag, 26 (1913), 1024; 27 (1914), 703.

The Open University: Science Foundation Course, Unit 31 / The Nucleus of the Atom. The Open University Press, Walton Hall 1971.

PEREY, F.G. / BUCK, B.: A Non-local Potential Model for the Scattering of Neutrons by Nuclei. Nucl. Phys. 32 (1962), 353.

Physical Science Study Committee: PSSC Physik. Deutsche Ausgabe. Braunschweig: Vieweg 1974.

REID, J.M.: The atomic nucleus. Penguin library of physical sciences: Physics. Harmondsworth/Middlesex, England: Penguin Books Ltd. 1972 (Neuauflage bei Manchester University Press 1984).

RUTHERFORD, E.: Phil. Mag. 21 (1911), 669.

RUTHERFORD, E.: Über die Struktur der Atome. Baker-Vorlesung. Übersetzung von Dr. E. NORST. Leipzig: S. Hirzel-Verlag 1921 (heute S. Hirzel-Verlag Stuttgart). Ein Nachdruck ist enthalten in: Der Physikunterricht (1970) Heft 3, 35–64.

SCHATZ, G.: The s Process of Stellar Nucleosynthesis. In: FÄSSLER, A. (Hrsg.): Progress in Particle and Nuclear Physics. Vol. 17. The Early Universe and its Evolution. Oxford: Pergamon Press 1986, 393–417.

SCHOENFELD, W.A. / DUBORG, R.W. / PRESTON, W.M. / GOODMAN, C.: The Reaction $Cl^{37}(p,n)A^{37}$; Excited States in A^{38*}. Phys. Rev. 85 (1952), 873–876.

SEGRÈ, E.: Nuclei and Particles. An Introduction to Nuclear and Subnuclear Physics. New York: W.A. Benjamin Inc. 1964 (Second printing 1965).

G. PFENNIG, H. KLEWE-NEBENIUS, W. SEELMANN-EGGEBERT: Karlsruher Nuklidkarte. 6. Aufl. Forschungszentrum Karlsruhe (Hrsg.), Institut für Radiochemie. Karlsruhe 1995.

WAGNER, A.: Teilchenphysik. Phys. Bl. 42 (1986) Nr. 7, 207–208.

WEIDNER, R.T. / SELLS, R.L.: Elementare moderne Physik. Übers.: Karlheinz JOST. Braunschweig, Wiesbaden: Vieweg 1982.

Namen- und Sachwortverzeichnis

Ergänzende Erläuterungen zur Nuklidkarte

Auszug aus: G. PFENNIG, H. KLEWE-NEBENIUS, W. SEELMANN-EGGEBERT: Karlsruher Nuklidkarte. 6. Aufl. Forschungszentrum Karlsruhe (Hrsg.), Institut für Radiochemie. Karlsruhe 1995. Abdruck mit freundlicher Genehmigung des Forschungszentrums Karlsruhe GmbH.

Zerfallsarten: Farben und Symbole

rot	β^+: Positronen-Zerfall
rot	ϵ: Elektronen-Einfang
blau	β^-: Negatronen-Zerfall
gelb	α: Alpha-Zerfall
grün	sf: Spontanspaltung
orange	Protonen-Zerfall
violett	Z-A: Cluster-Emission
weiß	I+γ: Isomeren-Zerfall

	Ein oder mehrere kurzlebige Isomere, die ausschließlich durch Spontanspaltung zerfallen, sind durch einen senkrechten grünen Balken gekennzeichnet.
γ	Emission von γ-Quanten; sie sind stets beim jeweiligen Mutternuklid aufgeführt.
e^-	Emission von Konversionselektronen; das Symbol ist nur aufgeführt, wenn mehrere Konversionen als γ-Quanten emittiert werden.
βxp; βxn; βd; βt; βxα; βsf	Emission der jeweils angeführten Teilchen oder Spontanspaltung aus einem angeregten Zustand des Tochternuklids, der durch β-Zerfall bevölkert wird („β-verzögerte Teilchenemission oder Spaltung").
$2\beta^-$	Gleichzeitige Emission zweier β^--Teilchen („doppelter β^--Zerfall", z. B. ^{130}Te $\rightarrow$ ^{130}Xe).
p; n; 2p; 2α	Emission der jeweils angeführten Teilchen aus dem Grundzustand eines teilcheninstabilen Nuklids (weißes Feld ohne Angabe der Halbwertszeit, z. B. ^{5}Li, ^{7}He). Die Emission von zwei Teilchen ist nur dann aufgeführt, wenn die Emission eines einzelnen Teilchens aus energetischen Gründen nicht möglich ist (z. B. ^{8}Be $\rightarrow$ 2α).

Häufigkeit und Energie der Strahlungen

Die relative Häufigkeit der Zerfallsarten und Strahlungen ist durch drei verschiedene Größen der Farbflächen sowie durch die Reihenfolge der Symbole und der Energiewerte angegeben. Beispiele: s. Nuklidkarte unten.

An erster Stelle stehen die Symbole für die Zerfallsarten, bei denen Teilchen emittiert werden, geordnet nach abnehmender Häufigkeit, gefolgt von den γ-Quanten und Konversionselektronen. Der Isomerenzerfall ist seiner Häufigkeit entsprechend eingeordnet. β-verzögerte Teilchenemission oder Spaltung (βn, βp, βsf) ist je nach ihrer Häufigkeit entsprechend vor oder nach den γ-Quanten aufgeführt. Für einen bestimmten Strahlungstyp sind die Energiewerte nach abnehmenden relativen Intensitäten geordnet. Für den β-Zerfall wird eine etwas abgeänderte Regelung verwendet (siehe unten).

...   Punkte weisen auf weitere gleichartige Übergänge mit geringerer Intensität hin.

Energien sind für γ-Quanten in keV, für Teilchenstrahlung in MeV angegeben. Ein Strahlungssymbol ohne Energieangabe deutet an, daß die Strahlung auftritt, ihre Energie aber nicht gemessen wurde.

$\beta^+2,7\ldots$ Endpunktsenergie des häufigsten β-Übergangs. Falls es weitere

$\beta^-\ 1,2;\ 1,9\ldots$ Übergänge mit höherer Energie gibt, ist außerdem als zweiter Wert die höchste beobachtete Endpunktsenergie angegeben.

$\beta^-\ldots;\ \beta\ldots$ β-Übergänge bekannter Energie, für die die Summe ihrer Häufigkeiten kleiner als 1 % ist.

$\alpha\ 3,75,\ 4,43\ldots$ Teilchenenergien, nach abnehmender Häufigkeit der jeweiligen

p $1,56$ βp $4,5$ Übergänge geordnet. Es ist mindestens eine Energie angegeben, auch wenn die Wahrscheinlichkeit für den häufigsten Übergang kleiner als 1 % ist.

$\gamma815;\ 1711\ldots$ Energien der häufigsten γ-Quanten in der Reihenfolge abnehmen-

$\gamma(1340)$ der Häufigkeit. Für Intensitäten unter 1 % sind die Energiewerte in Klammern angegeben.

$\gamma815^*$ γ-Energien mit einem Stern bezeichnen Übergänge nach β-verzögerter Teilchenemission.

$\gamma291\text{--}1319$ Mehrere γ-Quanten unbekannter Häufigkeiten im Energieintervall 291–1319 keV.

e⁻   Konversionselektronen sind nur angegeben, wenn sie häufiger
                      sind als die γ-Quanten. Energien sind nicht angegeben.

p; 2p; n; 2α   Für direkte Emission von Teilchen sind keine Energien angegeben.

Wirkungsquerschnitte

Alle Wirkungsquerschnitte sind in barn (10^{-24} cm) angegeben und gelten für Reaktionen mit thermischen Neutronen
(0,0253 eV).

σ Wirkungsquerschnitt für die (n,γ)-Raktion. Sind zwei Werte ange-
                      geben, so bezieht sich der erste auf die Bildung des Produktkerns
                      im metastabilen, der zweite auf die Bildung im Grundzustand.

σ_1 Spaltquerschnitt

$\sigma_{n,p}$ (n,p)-Wirkungsquerschnitt

$\sigma_{n,\alpha}$ (n,α)-Wirkungsquerschnitt

σ_{abs} Absorptionsquerschnitt

Weitere Symbole und Abkürzungen

$\longleftarrow$ Die Zuordnung der Zerfallsdaten zum metastbilen bzw. Grundzu-
                      stand ist unsicher

                      Nuklide mit abgeschlossener Neutronen- oder Protonenschale
                      sind durch verstärkte horizontale oder vertikale Begrenzungsli-
                      nien gekennzeichnet.

?   Daten oder Zuordnung unsicher.

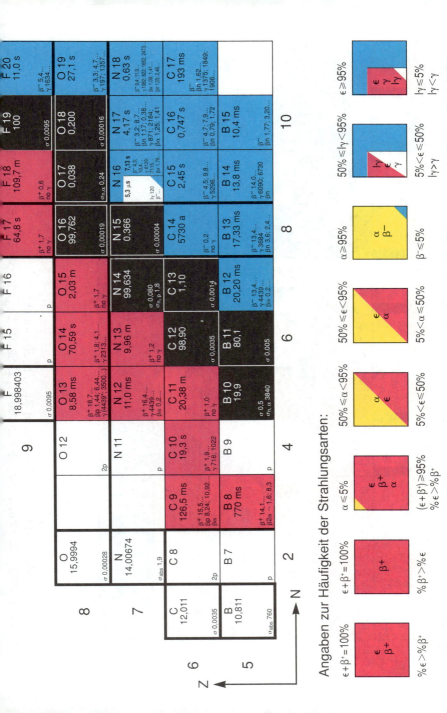

Angaben zur Häufigkeit der Strahlungsarten:

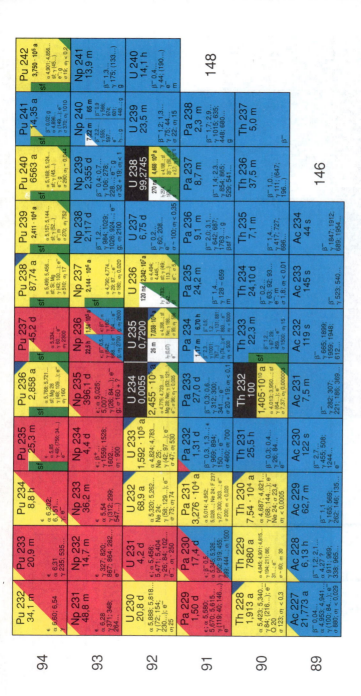

Die vollständige Karlsruher Nuklidkarte ist zu beziehen über
Marktdienste Haberbeck, Industriestraße 17, D-32791 Lage/Lippe, Tel. 0 52 32/60 09-1 48

Bücher von Vieweg

Raum – Zeit – Relativität

von Roman U. Sexl und
Herbert Kurt Schmidt

*3., durchgesehene Auflage
1989. XII, 205 Seiten,
110 Abbildungen. (vieweg
studium; Grundkurs Physik)
Pb.
ISBN 3-528-27236-8*

Die klassischen Begriffe Raum und Zeit wurden durch die Entwicklung der Speziellen Relativitätstheorie mit neuen Inhalten gefüllt. Die Abkehr von der Newtonschen Vorstellung eines absolut vorhandenen Raums und einer absolut geltenden Zeit und das Zusammenfügen von Raum und Zeit zu einer vierdimensionalen Raum-Zeit führten zu einem neuen Weltbild, dessen Ausstrahlung sich nicht auf die Physik beschränkt, sondern auch die Bereiche Philosophie, Kunst und Politik betrifft.

Zeitdilatation, Lorentz-Kontraktion, Massenzunahme und die Äquivalenz von Energie und Masse werden zunächst auf elementarem Niveau behandelt und durch neueste Messungen belegt. Die relativistischen Zeiteffekte der Geschwindigkeit und der Gravitation werden mit Atomuhren untersucht. Will man diese neuen physikalischen Erkenntnisse einfach und geschlossen darstellen, so benötigt man angemessenen mathematischen Formalismus. Es ist die die Technik der Vierervektoren, in die eine Einführung gegeben wird.

Verlag Vieweg · Postfach 1546 · 65005 Wiesbaden

vieweg

Bücher von Vieweg

Die Spezielle Relativitäts- theorie

von Hanns und
Margret Ruder

*1993. X, 185 Seiten mit
48 Abbildungen und
26 Übungsaufgaben (vieweg
studium; Grundkurs Physik)
Pb.
ISBN 3-528-07266-0*

Aus dem Inhalt: Einführung –
Experimentelle Befunde – Grund-
annahmen der speziellen Relativitätstheorie – Eigenschaften
der Lorentz-Transformation – Ma-
thematische Hilfsmittel – Relativistische Mechanik – Lorentz-
invariante Formulierung der Elek-
trodynamik – Relativistische
Quantenmechanik.

Noch immer geht von der Relativitätstheorie eine große Faszina-
tion aus – weit größer als von
irgendeiner anderen Theorie.
Dieses Buch erarbeitet mathematisch exakt, dabei aber mit
vielen Beispielen und Übungsaufgaben, die spezielle Relativitätstheorie, wie sie jeder Stu-
dent im Grundstudium zum Verständnis der Mechanik und Elek-
trodynamik benötigt.

Verlag Vieweg · Postfach 1546 · 65005 Wiesbaden

vieweg